清华电脑学堂

Maya

动画设计
实用教程

何子金 / 编著

实战
微课版

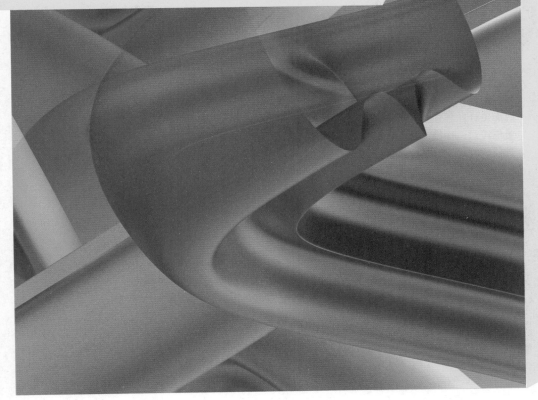

清华大学出版社

北京

内 容 简 介

本书全面讲述了如何使用中文版 Maya 2020 软件进行三维动画制作，包括曲线编辑、曲面编辑、多边形建模、材质、灯光、渲染、动力学、粒子、流体和关键帧动画等知识点。本书结构清晰、内容全面、通俗易懂，各个章节均设计了相对应的实用案例，并详细阐述了制作原理及操作步骤，注重提升读者的软件实际操作能力。另外，本书附带的教学资源内容丰富，包括本书所有案例的源文件、习题、PPT 课件、教学大纲、教案和"动手练"微视频教程，便于读者掌握书中内容。

本书适合零基础的读者阅读，即使之前没有接触过 Maya 软件，通过本书的学习也可以轻松地掌握该软件的基本操作技能，实现三维动画制作。

图书在版编目（CIP）数据

Maya动画设计实用教程：实战微课版 / 何子金编著. —北京：清华大学出版社，2022.7
（清华电脑学堂）
ISBN 978-7-302-60946-9

Ⅰ.①M… Ⅱ.①何… Ⅲ.①三维动画软件 Ⅳ.①TP391.414

中国版本图书馆CIP数据核字（2022）第088985号

责任编辑：张　敏
封面设计：郭二鹏
责任校对：徐俊伟
责任印制：宋　林

出版发行：清华大学出版社
网　　　　址：http://www.tup.com.cn，http://www.wqbook.com
地　　　　址：北京清华大学学研大厦A座　　　邮　编：100084
社　总　机：010-83470000　　　　　　　　邮　购：010-62786544
投稿与读者服务：010-62776969，c-service@tup.tsinghua.edu.cn
质量反馈：010-62772015，zhiliang@tup.tsinghua.edu.cn
课件下载：http://www.tup.com.cn，010-83470236
印装者：北京博海升彩色印刷有限公司
经　销：全国新华书店
开　本：170mm×240mm　　　印　张：10　　　字　数：205千字
版　次：2022年8月第1版　　　印　次：2022年8月第1次印刷
定　价：69.80元

产品编号：096759-01

前　　言

本书以 Maya 2020 为基础进行讲解，致力于为 Maya 学习者打造更易学的知识体系，让读者轻松愉快地掌握三维动画工具的使用方法，并将动画制作水平提高到一个新的层次。

全书以理论与实际应用相结合的形式，从易教、易学的角度出发，全面、细致地介绍 Maya 三维动画软件的操作技巧。在讲解理论知识的同时，还设置了大量"动手练"实例，以帮助读者将理论与实战结合。此外，每章结尾均设置了"练习题"板块，作为对每个章节的知识巩固。

内容概述

全书共 9 章，各章内容如下。

第 1 章讲解 Maya 的界面、基本操作、工作空间，以及物体的显示和热盒功能等。

第 2 章讲解基本图形的制作和修改，并结合一个综合案例作为操作技巧的练习。

第 3 章讲解二维曲线的编辑和常用命令与技巧。

第 4 章讲解 NURBS 曲面建模的常用命令与建模技巧。

第 5 章讲解用 NURBS 曲面工具制作角色模型的流程。

第 6 章讲解多边形工具和建模流程。

第 7 章讲解 Arnold 渲染器和材质系统，介绍材质纹理的各个属性与金属、玻璃 SSS 材质制作技巧，以及灯光系统与场景布光渲染技巧。

第 8 章讲解 Maya 关键帧动画、路径动画及动画混合技巧。

第 9 章讲解刚体动力学、布料系统、粒子系统和流体动力学。

当读者学习完本书的内容并完成其中的练习后，就基本上掌握了 Maya 常用功能的基本操作方法，从而为继续学习 Maya 和动画制作打下坚实的基础。

附赠资源

本书通过扫码下载资源的方式为读者提供增值服务，这些资源包括全书所有实例的源文件、习题、PPT 课件、教学大纲、教案（读者可扫描下方二维码下载获取相关资源）和"动手练"微视频教程（读者可扫描正文中"动手练"对应的二维码下载获取）。

源文件

习题

PPT 课件

教学大纲

教案

本书内容丰富、结构清晰、技术参考性强，讲解由浅入深、循序渐进，知识涵盖面广又不失细节，非常适合喜爱三维特效及动画制作的初、中级读者作为学习参考书。同时，本书还是三维动画制作者的辅助工具手册，可以供教育行业及培训机构相关专业的师生作为动画特效制作培训教程使用。

本书由云南艺术学院设计学院何子金老师编写。

由于作者水平有限，书中疏漏在所难免，欢迎广大读者批评指教。

编者

目　　录

第2章

基本图形工具设计

编辑曲线

编辑曲面

Maya 材质、灯光和渲染

第8章 Maya 动画制作

第9章 Maya 动力学特效

第 1 章
Maya 基本操作

本章首先介绍 Maya 的发展历程、Maya 的界面及整个功能区的分布，然后介绍 Maya 的基本操作、工作空间、定义界面、显示物体、使用操作和工具等知识。

1.1 Maya 的发展历程

1983 年，史蒂芬在加拿大多伦多创办了一家公司，主要业务是研发影视后期特技软件。由于该公司推出的第一个商业软件是有关 anti_alias 的，所以公司和软件都被称为 Alias。

1984 年，希尔韦斯特在美国加利福尼亚成立了一家名为 Wavefront 的数字图形公司。

1995 年，正在与微软进行激烈市场竞争的软件开发公司 Silicon Graphics Incorporated（SGI）在得知微软已经收购了 Softimage 后，迫于竞争压力收购了 Alias 和 Wavefront。而在此之前，Wavefront 刚刚于 1993 年完成对 Thomson Digital lmage（TDI）的收购，整合了 TDI 在软件 Explore 中的部分技术。

1998 年，经过长时间研发的三维制作软件 Maya 终于面世。同时，Alias|Wavefront 公司停止继续开发以前所有的动画软件，包括曾经在《永远的蝙蝠侠》《阿甘正传》《变相怪杰》《生死时速》《星际迷航》和《真实的谎言》中大显身手的 Alias Power Animator，这样做的目的就是促使用户去升级 Maya。随着顶级的视觉效果公司如工业光魔和 Tippett 工作室把动画软件从 Softimage 换成 Maya，Alias|Wavefront 公司成功扩展了产品线，取得了巨大的市场份额。不久，从用户方面传来佳音，业内人士普遍认为 Maya 在角色、动画和特技效果方面都处于业界领先水平，这使得 Maya 在影视特效行业中成为一种被普遍接受的工业标准。

1999 年，工业光魔使用 Maya 软件参与制作的《星战前传：幽灵的威胁》《木乃伊》等影片轰动全球。

2000 年，Alias|Wavefront 公司推出 Universal Rendering，使各种平台的机器都可以参与 Maya 的渲染。同时开始对将 Maya 移植到 Mac OS X 和 Linux 平台进行研发。

2001 年，Alias|Wavefront 公司发布了 Maya 在 Mac OS X 和 Linux 平台上的新版本。这时，Maya 已经在多个领域获得成功应用，如史克威尔公司（Square）使用 Maya 软件作为唯一的三维制作软件创作了全三维电影《最终幻想》（*Final Fantasy*）；Weta Digital 采用 Maya 软件完成电影《指环王》（*The Load of The Ring*）第一部；任天堂公司使用 Maya 软件制作 Game Cube 游戏机平台（Nintendo Game Cube，NGC）下的游戏《星球大战：流浪小队 2》（*Star War RogueSquadron* II）等。

2003 年，美国电影艺术与科学学院奖评委员会授予 Alias|Wavefront 公司奥斯卡科学与技术发展成就奖。同年，Alias|Wavefront 公司正式将商标名称更换为 Alias。

2005 年，Alias 被濒临破产的 SGI 公司卖给了安大略湖教师养老金基金会和一个私人的风险投资公司 Accel-KKR。在短短几个月后，Alias 再次被卖，这次的买主是欧特克（Autodesk）。2006 年 1 月 10 日，Alias Maya 正式变成了 Autodesk Maya。加入欧特克后，Maya 陆续推出了 Maya 8.0、Maya 8.5、Maya 2008、Maya 2009、Maya 2010，直到现在的 Maya 2020。软件版本的更新使用户的工作效率和工作流程得到最大提升和优化，不同版本的封面如图 1-1 所示。

图 1-1

　　Maya 2020 是美国 Autodesk 公司出品的世界顶级的三维动画软件，应用对象是专业的影视广告、角色动画、电影特技等。Maya 功能完善，工作灵活，易学易用，制作效率极高，渲染真实感极强，是电影级别的高端制作软件。

1.2　Maya 的界面

　　本节将介绍 Maya 的界面，并学习 Maya 工作环境中的每个元素。学习完本节内容后，用户应该对 Maya 图形用户界面的主要部分有一个很好的了解，并且掌握如何使用它们进行建模和制作动画。

1.2.1　Maya 界面介绍

　　本小节主要介绍 Maya 主界面的构成，需要注意以下几点。

　　（1）界面的关键部分是工作空间的面板。

　　（2）可以隐藏所有的界面元素，而改为使用 Maya 的快捷命令功能：浮动菜单、标记菜单和快捷键。

　　Maya 的主界面如图 1-2 所示。

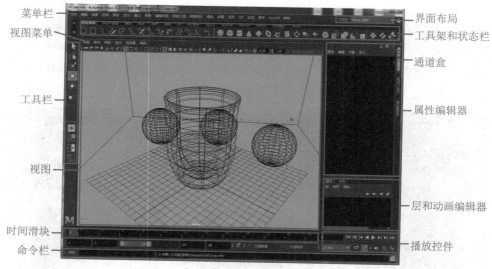

菜单栏

视图菜单

工具栏

视图

时间滑块

命令栏

界面布局

工具架和状态栏

通道盒

属性编辑器

层和动画编辑器

播放控件

图 1-2

1.2.2　菜单栏

Maya 中的菜单被组合成菜单组，每个菜单组对应一个模块，包括文件、编辑、创建、修改、显示、窗口和网格等，如图 1-3 所示。

图 1-3

知识点拨

当在菜单组间切换时，因为左侧的菜单是通用菜单，所以不会改变，而右侧的一些菜单会改变。切换菜单组时，可使用快捷键来切换右边的内容，包括【F2】（多边形）、【F3】（角色）、【F4】（动画）、【F5】（动力学）和【F6】（渲染）。

1.2.3　状态栏

Maya 的状态栏如图 1-4 所示，用于建模、动画、绑定、渲染和选择模式等操作。

图 1-4

Maya 动画设计实用教程（实战微课版）

为了便于组织，按钮被分组放置，可以展开或折叠这些组，方法如图 1-5 所示。

展开　　　　　　　　　折叠

图 1-5

1.2.4　工具栏

Maya 将常用工具栏和工具架分开了（常用工具栏放在了主界面的左侧），常用工具栏包括常用工具和选择工具，如图 1-6 所示。

工具架是一些常用的工具和为了特殊需要而定义的命令集合，如图 1-7 所示。

Maya 可以自定义工具架，通过创建自定义工具架，把自己常用的工具或命令组织在一起，方便操作。

在切换工具架时，单击常用工具栏中的 图标，打开工具架菜单即可进行切换，如图 1-8 所示。

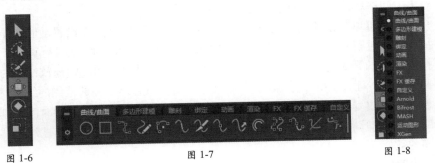

图 1-6　　　　　　　　　　　　图 1-7　　　　　　　　　　　　图 1-8

1.2.5　时间滑块和范围滑块

时间滑块和范围滑块在动画中用于控制帧。时间滑块中包括播放按钮（也称为传送控制器）和当前时间指示器。范围滑块中包括起始时间、终止时间、回放起始时间、回放终止时间和范围滑块，如图 1-9 所示。

时间滑块　　　　　　　　　　　　　　　当前时间　播放按钮

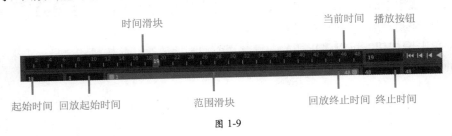

起始时间　回放起始时间　　　　　　范围滑块　　　　　回放终止时间　终止时间

图 1-9

时间滑块上的刻度和刻度值表示时间。如果要定义播放速率，可以单击动画参数设置按钮，从属性编辑器区域中选择需要的播放速率。Maya 默认的播放速率为 24 帧每秒（标准的电影帧速率）。

默认情况下，Maya 使用秒为单位来播放动画。改变时间设置不会影响以关键帧为基础的动画，但会影响使用帧变量的表达式。

时间滑块右端的输入域显示了使用当前时间单位表示的当前时间，可以输入一个新的时间来改变当前时间。场景会移动到当前时间位置处，并且当前时间指示器也随之更新。

按住【Shift】键，在时间滑块上单击并水平拖动鼠标，可以选择时间范围。选择的时间范围在时间滑块上以红色显示，开始帧和结束帧在选择区域的两端以白色数字显示，如图 1-10 所示。

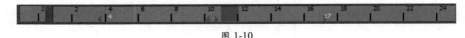

图 1-10

单击并水平拖动选择区域两端的黑色箭头，可缩放选择区域。

单击并水平拖动选择区域中间的双黑色箭头，可移动选择区域。

双击时间滑块，可选择整个时间滑块范围。

开始时间可以预设置动画的开始时间。动画结束时间域可以设置动画的结束时间。播放开始时间域显示了当前播放范围的开始时间，输入新值（包括负值），可以改变播放范围的开始时间。如果输入的数值大于播放结束时间，则播放结束时间会自动调节数值，且大于播放开始时间。播放结束时间域显示了播放范围的结束时间，输入新值，可改变播放范围结束时间。如果输入的数值小于播放开始时间，则播放开始时间会自动调节，且小于播放结束时间的数值。用户也可以从属性编辑器中编辑上面的数值。

单击 按钮，使动画到播放范围的开始。

单击 按钮，使动画向后移动一帧。默认的快捷键为【Alt+。（句号）】。

单击 按钮，使动画跳到上一关键帧处。

单击 按钮，可以向后播放。按【Esc】键停止播放。

单击 按钮，向前播放动画。默认的快捷键为【Alt+V】。按【Esc】键将停止播放。

单击 按钮，使动画跳到下一个关键帧处。

单击 按钮，使动画向前播放一帧。默认的快捷键为【Alt+，（逗号）】。

单击 按钮，使动画跳到播放范围的末尾。

单击 按钮，可以停止播放。只有当前动画播放时，此按钮才会显示出来。默认的快捷键为【Esc】。

1.2.6　通道盒

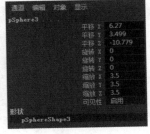

图 1-11

Maya 大多数的界面与其他 3D 软件相同，但通道盒却是它独有的。通道盒的功能非常强大，可直接访问 Maya 的构成元素：属性和节点，还可以显示关键帧的属性，也就是说可以为物体设置关键帧，如图 1-11 所示。

1.2.7　命令栏

Maya 的强大功能之一是 MEL 命令语言，用户通过命令栏来使用它。MEL 命令区分为命令栏、命令反馈栏和脚本编辑器，如图 1-12 所示。

图 1-12

在左侧可输入 MEL 命令，例如，输入一个命令 CreateNURBSSphere 来快速创建一个 NURBS 球体。

对于一系列的命令，可以使用脚本编辑器，单击最右侧的▦图标即可打开它。在右侧可以显示系统的命令回应、错误信息和警告。

1.3　Maya 的基本操作

本节将学习 Maya 工作界面的基本操作，详细介绍文件管理、工作空间、主视图和浮动菜单、定义界面、使用物体、使用操作和工具、MEL 命令、使用热盒功能、使用标记菜单、场景管理、获取帮助等应用基础知识要点，并通过实例来巩固所学知识。

1.3.1　Maya 的热盒功能

Maya 与其他软件的另一个主要区别在于 Maya 的图形用户界面。Maya 总是能使用两种或两种以上的方法来完成一项任务—简称 Maya 工作流程。例如，如果用户不喜欢访问菜单栏，则可以使用 Maya 的热盒功能来访问菜单，使用时只需要按住空格键激活热盒功能，然后再选择命令即可，如图 1-13 所示。

在按住空格键激活热盒功能后，用鼠标中键单击屏幕的上下左右 4 个区域，还可以激活更多功能。

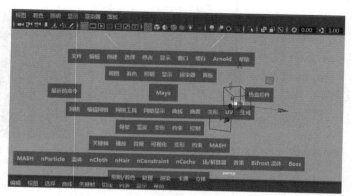

图 1-13

热盒功能的强大之处不仅在于使用的方便快捷，用户还可以按照自己的工作习惯去定义它。

通过以上介绍可以看出，Maya 为用户提供了一个非常直观和现代的工作环境，用户甚至可以定义自己的工作环境。无论是一个人还是多名动画师协同工作，Maya 的可调整界面都能比其他软件更快地建立复杂的动画。

▎1.3.2 Maya 文件的基本操作

Maya 提供了一套完整的工程创建方案，系统会自动把场景、贴图、渲染输出、MEI、材质、声音等文件存放在相应的文件夹中，并且当再次打开时会自动去搜索这些文件。

运行 Maya 软件，首先要创建自己的工程目录的位置。

Step01 在菜单栏中选择"文件→项目窗口"命令，弹出"项目窗口"，如图 1-14 所示。

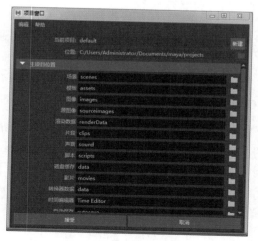

图 1-14

Step 02 输入工程文件名称及路径，单击"接受"按钮。

在 Maya 中，对文件命名及任何其他命名应该尽可能地不要使用中文，以免带来麻烦。

Step 03 打开工程文件，选择"文件→设置项目"命令，在弹出的对话框找到刚才创建的工程所在的目录路径，如图 1-15 所示。一个工程在管理时，要注重分门别类，管理好自己的项目非常有必要。

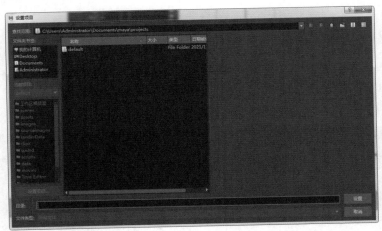

图 1-15

1.4　Maya 的工作空间

工作空间主要用于对场景进行查看，但这不是它的所有功能，还可以在其中显示各种编辑器，或者以不同的布局方式来组织工作空间中的面板。

工作空间的大多数命令位于工作空间面板的菜单栏中。在"面板"菜单中还包括改变视图、显示编辑器和安排面板布局等命令。

▍1.4.1　视图操作

视图面板实际上是一个通过虚拟摄像机所看到的视图，共有 4 种默认视图：透视图、前视图、侧视图和顶视图。从"面板"菜单中可选择一种视图来显示。

要在各种角度观看场景，可移动摄像机视图。视图控制的方法如图 1-16 所示。

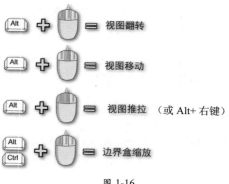

图 1-16

1.4.2　视图布局

在 Maya 中，可划分工作空间为多视图布局。例如，快速地按一下空格键可以切换到默认的四视图组成的布局，如图 1-17 所示，再次按一下空格键可以把激活视图放大为全屏显示，如图 1-18 所示。

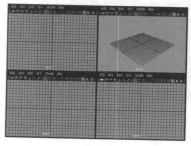

图 1-17

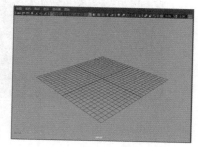

图 1-18

另外，还可以在任意视图中显示不同的编辑器，这种组织布局的能力可以满足特定的工作。默认的视图布局列位于"面板→保存的布局"子菜单中，如图 1-19 所示。可以使用面板编辑器（使用"面板→面板编辑器"命令打开）创建自己的视图布局，如图 1-20 所示。

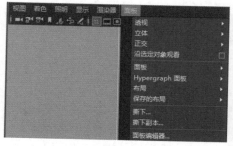

图 1-19

图 1-20

Ma 1.5 定义界面

在 Maya 中，可以方便地组织界面来满足特定的工作风格。可以隐藏界面元素，如菜单和工具栏，从而节省更多的空间给场景。

可使用"窗口→UI 元素"菜单中的命令来显示和隐藏界面元素。通过选择"窗口→UI 元素→隐藏所有 UI 元素"命令，如图 1-21 所示可快速地隐藏除了工作空间视图外的所有界面元素。

作为使用菜单和工具栏的替代方法，可使用热键、浮动菜单、标记菜单和弹出菜单来进行工作。

图 1-21

1. 热键

热键就是快捷键，Maya 中有多个默认热键，它们显示在相应菜单命令的旁边。可以选择"窗口→设置/首选项→热键编辑器"命令，弹出"热键编辑器"窗口，在其中改变这些热键并为命令指定新的热键，如图 1-22 所示。

图 1-22

2. 浮动菜单

浮动菜单是一种不使用菜单栏就能快速访问 Maya 菜单的途径，按住空格键时即可显示浮动菜单，并能显示各种相关菜单。

3. 标记菜单

像浮动菜单一样，标记菜单也是一种显示各种命令的弹出式菜单，而且包括一些菜单中没有的命令。例如，在没有选择物体的情况下，可在工作空间右击并选择"选择所有"命令，选择所有物体。也可以对标记菜单进行修改，如图 1-23 所示。

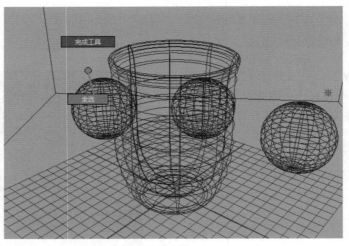

图 1-23

4. 弹出菜单

当在 Maya 的一些编辑器中右击时就会弹出快捷菜单，它们包含编辑器中的菜单命令。例如，在轮廓的弹出菜单中可对显示的信息类型进行控制。

![Ma] 1.6 显示物体

在 Maya 中创建的场景是由物体组成的，而物体是由多种元素组成的，例如，可控制点（CVs）、编辑点、面片或多边形面等。

在 Maya 中，可使用物体选择模式或者元素选择模式对物体进行操作。物体选择模式是默认模式，在此模式中，物体被作为一个整体来操作。可以使用状态栏在物体选择模式和元素选择模式中切换，也可以使用快捷键【F8】来切换模式。

图 1-24 所示为物体选择模式。图 1-25 所示为在元素选择模式下通过移动 CVs点对物体进行修改。

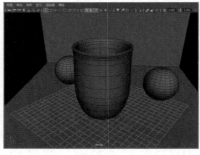

图 1-24

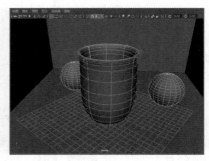

图 1-25

1.6.1 物体的显示

默认状况下，物体以线框模式显示。要查看以材质显示的物体，可从视图面板的"着色"菜单中选择一种材质模式。这些选项的快捷键如图 1-26 所示。

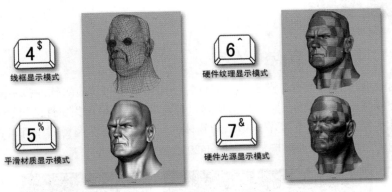

图 1-26

对于 NURBS 物体（由 NURBS 曲线创建的物体），也可以选择"显示→NURBS →自定义细分"菜单中的命令来控制物体显示的平滑度（只影响显示，不影响渲染）。相对应的快捷键如图 1-27 所示。

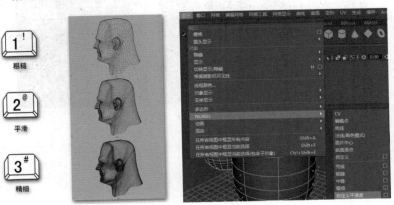

图 1-27

1.6.2 物体属性

所有的物体和元素都具有一定的属性。当在建模、动画、实施材质或者在物体上进行各种操作时，都会改变它们的属性值。

可以直接在通道栏或者属性编辑器中编辑和查看属性。通道栏中包括一个或多个物体的可设置关键帧的属性，而在属性编辑器中包含任意单个物体的所有属性。

关于物体属性的一个简单范例就是对它进行移动，在通道栏中，Translate X、Y、

图 1-28

Z 属性显示在顶部，要把一个物体快速定位在坐标系（1，1，1）中，那么可选择这 3 个属性，如图 1-28 所示，然后输入 1，按【Enter】键（一般情况下，在按【Enter】键或者退出该区域之前，输入值不会产生任何效果）即可。

1.6.3　属性和节点的关系

当对属性进行操作时，需要注意节点的结构体系，与其他的软件包不同，Maya 的底层程序结构是暴露的。它的构造块是"节点"，也就是相关属性的组合。例如，描述物体变换的属性在变换节点中。在物体的通道栏和属性编辑器中都可以修改属性，它们的某些参数是相对应的，如图 1-29 所示。

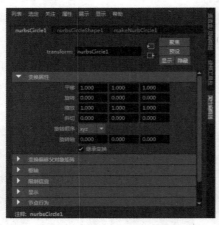

图 1-29

一般的属性分为转换节点（物体位置）、形节点（元素位置）、输入节点（物体构造）和材质节点（物体材质）几种类型。

Ma↓ 1.7　使用操作和工具

通过学习上述知识，读者已经了解了如何通过输入属性值来编辑物体属性，但是多数情况下，还是需要使用工具和操作对物体进行编辑。

1.7.1　使用操作

在 Maya 中，多数操作都有相关的选项。例如，在旋转曲线之前，要设置枢轴点。

在设置选项时，首先单击选项盒来打开选项视窗，选项盒是命令标签右侧的小方块■图标，如图 1-30 所示。当在选项视窗中设置完毕后，单击视窗底部的操作按钮或者应用按钮即可。

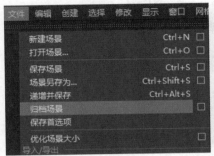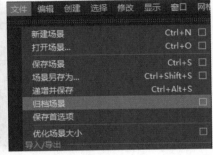

图 1-30

选项视图中的大多数设置与物体属性相对应，因此也可在以后编辑它们。

1.7.2 使用工具

在 Maya 中，使用工具就像使用真正的画笔。当选择一个工具后，如果在 Maya 中有以下提示时，就表示已经拾取了那些工具。

- 工具名称显示在命令标签中。
- 选择的工具高亮显示。
- 在多数情况下，鼠标指针会改变，或者在物体上会显示操纵器。
- 在帮助栏中会显示提示来指导用户完成操作。

工具也有选项，可以设置选项来控制工具的行为。像操作一样，在菜单命令标签的右侧有一个小方块■图标，单击它可打开一个带有选项的视窗。

也可以双击常用工具架中的图标来打开工具的设置视窗。例如，双击常用工具栏中的移动工具图标■，可显示移动工具的选项设置视窗，如图 1-31 所示。

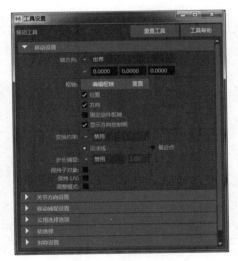

图 1-31

1.7.3 操纵器和手柄

一些工具带有修改物体的操纵器。例如，所有的变换工具都有 3 个手柄的操纵器——每个手柄代表一个轴。

操纵器的手柄用于控制变换的方向，例如，单击移动工具的一个手柄可把物体运动限制在轴上。手柄激活时将呈黄色显示，如图 1-32 所示。

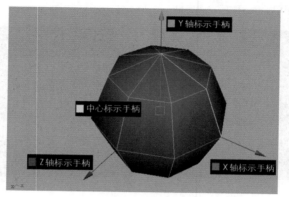

图 1-32

Maya 中的 X、Y、Z 轴向都用颜色标示，X 轴用红色标示，Y 轴用绿色标示，Z 轴用蓝色标示，在操作时注意视图左下角的轴向提示。

有些物体带有与之相关的操纵器。例如，摄像机和灯光操纵器可设置它们的参数，这些操纵器中还有一个循环索引，通过单击它可循环控制可应用的操纵器。摄像机的操纵器如图 1-33 所示。

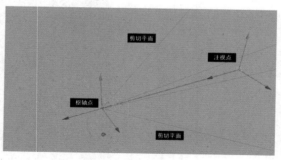

图 1-33

 # 1.8 MEL 命令

MEL 是 Maya 的脚本语言。下面是 MEL 语言的功能。

- 可绕过 Maya 的用户界面，快速地创建快捷键和访问其他高级功能。
- 为属性输入精确的数值。
- 自定义指定场景的界面，为特殊的项目改变默认的设置。
- 创建 MEL 程序和脚本，用它们来执行自定义的建模、动画、动力学和渲染任务。

可使用下列方法来输入 MEL 命令。

- 使用脚本编辑器。
- 在命令栏中输入命令。
- 在 .ma 文件（脚本文件）中写命令。
- 在工具架中单击脚本图标。

使用快捷键和表达式来执行 MEL 命令。

1.9 使用热盒功能

在本章前面已经提到了热盒功能，它的功能非常强大，本节将详细介绍热盒功能。

热盒功能是菜单组的自定义集合，如图 1-34 所示，按住空格键可显示它，使用它可快速地访问要使用的菜单，并可隐藏与工作无关的菜单，以此来提高工作效率。可根据需要随时自定义浮动菜单。浮动菜单分为 5 个区：北区、南区、东区、西区和中心区。

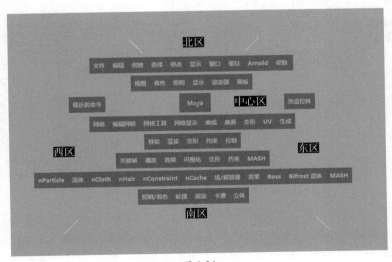

图 1-34

在每个区中都包含标记菜单，使用这些菜单可改变选择遮罩、控制面板是否可见和面板类型。

按住空格键，浮动菜单就会显示在鼠标指针所在的位置上。默认的浮动菜单外形如图 1-35 所示。

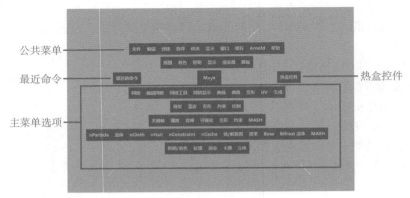

图 1-35

[动手练] 改变浮动菜单的显示和内容

扫码看视频

当按住空格键时，可改变浮动菜单的外观内容。

Step01 单击"热盒控件"按钮并拖动鼠标来选择一个选项，如图 1-36 所示。

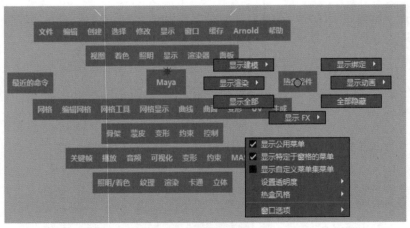

图 1-36

Step02 定义菜单。可以定义哪些菜单显示在浮动菜单中。在"热盒控件"的顶部可设置显示哪些菜单组。例如，选择"显示渲染→显示 / 隐藏渲染"命令可打开或者关闭渲染菜单组的显示。也可以只显示需要的菜单组，而隐藏其他菜单组，例如选择"仅渲染"命令，如图 1-37 所示。

Step03 设置透明度。可以改变浮动菜单的透明度。通过选择"热盒控件→设置透明度"命令，并从中选择一个百分比，即可设置浮动菜单的透明度，如图 1-38 所示。

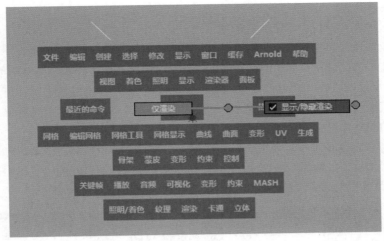

图 1-37

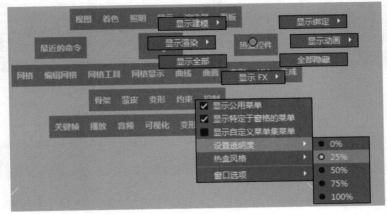

图 1-38

Step 04 设置浮动菜单的样式。使用"热盒风格"命令可改变浮动菜单的样式，选择"热盒控件→热盒风格"命令，在打开的子菜单中即可选择需要的样式，如图 1-39 所示。

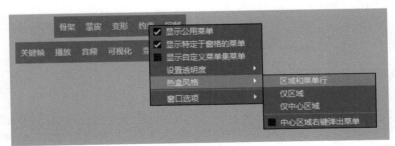

图 1-39

以下是可选择的菜单样式。

- 区域和菜单行：显示所有的菜单行。
- 仅区域：只显示 5 个标记菜单区，菜单组是无效的。
- 仅中心区域：只有中心区被激活，北区、南区、东区和西区及菜单组不显示。
- 中心区域右键弹出菜单：若选择该命令，当在工作空间右击时，可显示选择菜单组的菜单。菜单组显示为弹出菜单，而不是一行。注意选择该命令后，功能菜单组将不显示，即使已经选择来显示它们。

Step 05 设置视窗选项。要节省屏幕空间，可隐藏主菜单栏和视图菜单栏，而改为使用浮动菜单。这时选择"热盒控件→窗口选项"命令，在打开的子菜单中取消选择"显示主菜单栏"或者"显示窗格菜单栏"命令即可，如图 1-40 所示。

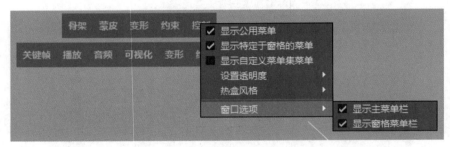

图 1-40

![Ma] 1.10　使用标记菜单

标记菜单是 Maya 中特有的菜单模式，它允许用户快速地访问各式各样的工具和操作，可以在 Maya 工作空间的任意位置使用它。

一般来说，可以通过以下方式显示标记菜单。

- 在浮动菜单的每个区域中单击。
- 同时按快捷键和鼠标左键。
- 在工作空间内单击鼠标右键。

1.10.1　在浮动菜单中使用标记菜单

按住空格键，显示浮动菜单。浮动菜单有 5 个区：北区、南区、西区、东区和中心区。它们是由斜线定义的。

按住空格键，在浮动菜单的某个区中单击鼠标中键，然后拖动鼠标选择一个菜单项并释放空格键。在 5 个区的每一个区中，对应每个鼠标按键都有不同的标记菜单。在每个区中可创建 8 个标记菜单，因此，总共有 40 个标记菜单将被显示出来。

1.10.2 默认标记菜单

下面是 5 个区中默认的标记菜单。

- 北区。改变到新的视窗布局，如图 1-41 所示。
- 南区。在当前面板中使用一个新的视图，如图 1-42 所示。

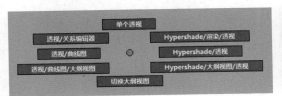

图 1-41

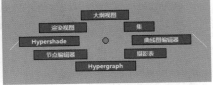

图 1-42

- 东区。显示或隐藏界面元素，如图 1-43 所示。
- 西区。在遮罩间进行切换，如图 1-44 所示。
- 中心区。在不同视图之间进行切换，如图 1-45 所示。

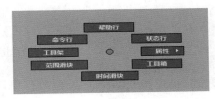

图 1-43

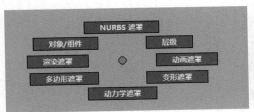

图 1-44

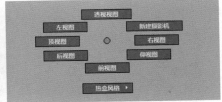

图 1-45

动手练 改变浮动菜单的显示和内容

当按住空格键时，可改变浮动菜单的外观内容。方法是单击"热盒控件"按钮并拖动鼠标选择一个选项。

扫码看视频

在 Maya 中，一些快捷键上关联有标记菜单。例如，默认的快捷键【W】【E】【R】与移动、旋转、缩放工具是关联的。下面通过一个案例来学习如何通过快捷键使用标记菜单。

Step01 选择一个物体，按住键盘上的快捷键，然后单击。例如，分别按住【W】【E】【R】键，单击会弹出相应的标记菜单，如图 1-46 所示。

Step02 这时只要按要求选择相应的命令即可。在使用三维软件时，经常会用到世界坐标和局部坐标，在 Maya 中，可以通过快捷键使用标记菜单的方法来快速实现世界坐标和局部坐标的切换。如图 1-47 所示，这是一个指向 Z 轴正方向的箭头，大家注意 X 轴与 Y 轴手柄。

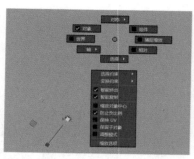

图 1-46

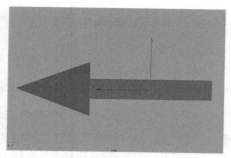

图 1-47

Step 03 现在将这个箭头旋转一下，注意 X 轴与 Y 轴手柄的变化，如图 1-48 所示。可以发现 X 轴与 Y 轴手柄并没有随着箭头的旋转而旋转，也就是说，箭头物体的轴向被锁定在世界坐标上。但由于编辑物体的需要，切换到局部坐标该如何操作呢？在 Maya 中很简单，按住【W】键并单击，在弹出的标记菜单中选择"对象"命令，如图 1-49 所示。

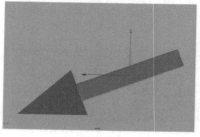

图 1-48

Step 04 这时就可以在局部坐标中操作物体了。如图 1-50 所示，大家注意 X 轴与 Y 轴手柄的变化。

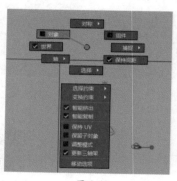

图 1-49

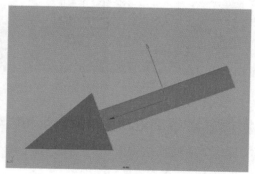

图 1-50

1.11　场景管理

在 Maya 中，有多种功能可用于组织场景中的元素和优化场景文件的大小。下面列出了一些主要的场景管理功能。

- 组。可以把物体进行"组合"（也称为成组或群组），这样可以快速地选择它们并把它们作为一个整体来操作。

- 层。层也是组织物体的一种方式，使用层可以方便地隐藏层中的物体，把它们作为一个模板或者单独渲染它们。在"层编辑器"中可创建层、把物体添加到屋中或使层可见（或不可见）。
- 场景优化。在对项目保存之前，建议选择"文件→优化文件大小"命令优化场景的大小，以便提高操作速度，减少内存和硬盘空间的使用。

在建模完成后准备制作动画时，最好删除创建历史记录（如果它是激活的）。所谓历史记录，顾名思义，就是创建物体和动画时所用信息的记录。删除创建历史记录时，可先选择物体，然后选择"编辑→按类型删除→历史"命令。

知识点拨

创建历史记录会占用大量的系统资源，尤其是在建立模型时。在建立模型时可能需要上千个步骤，Maya 会把可以记录的所有步骤记录下来，包括误操作。为了节省系统资源，可以按照自己的需要关闭创建历史记录以优化操作速度，单击状态栏中的 ▤ 图标即可关闭创建历史记录功能。

Ma 1.12　获取帮助

Maya 提供了各种类型的在线帮助，以下介绍了几种不同的帮助工具。

- 帮助栏。位于视窗底部的帮助栏可显示工具、菜单和物体的信息。像弹出帮助一样，当拖动鼠标通过图标及菜单项目时，它会显示相应的描述。当选择一个工具时，它也会显示相应的介绍。例如，移动物体时，帮助栏会显示物体的坐标，它与通道栏中的坐标是相对应的。
- 查找菜单。要查找主菜单命令的位置，可选择"帮助→查找菜单"命令并输入菜单命令的名称。在输入时，不区分大小写，并且可以使用通配符（*）。如果菜单命令被重新命名或者被删除，那么需要输入菜单命令的全名。注意，此项功能只能查找主菜单命令。

Ma 1.13　练习题

一、创建文件管理

本练习将帮助读者创建自己的第一个工程文件，如图 1-51 所示。

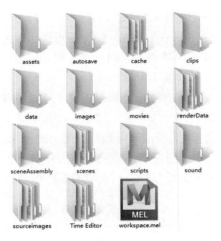

图 1-51

练习要求与步骤：

（1）在"文件"菜单中创建工程。

（2）修改名称、路径。

（3）制作过程中要及时保存。

（4）保存文件。

二、操作物体

本练习将帮助读者熟悉 Maya 的界面操作，如图 1-52 所示。

图 1-52

练习要求与步骤：

（1）利用工具架创建物体。

（2）使用不同的观看显示。

（3）切换不同界面，缩放旋转物体。

（4）保存文件。

第2章
基本图形工具设计

本章将介绍 NURBS 基本体，利用 NURBS 基本体，可以快捷地建立物体。本章将详细介绍创建 NURBS 基本体、设置基本体、创建和编辑曲线、圆弧工具等应用基础知识要点，并以实例形式的动手操练来巩固所学知识。

2.1 应用 NURBS 基本体

基本体是最基本的物体类型，它们形状简单，是创建复杂模型的基本元素。Maya 中有 8 种基本的 NURBS 曲面：球体、立方体、圆柱体、圆锥体、平面、圆环、圆形和方形，如图 2-1 所示。

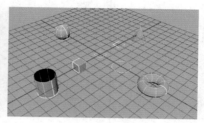

图 2-1

2.1.1 创建物体

1. 利用NURBS基本体创建物体

简单的 NURBS 物体，如球体、立方体、圆柱体、圆锥体、平面和圆形等在 Maya 中很容易制作（选择"创建→ NURBS 基本体"命令）。当从主菜单中选择 NURBS 基本体时，它会以栅格或背景平面的原点为主显示视窗。对这些简单的形状进行组合、变换、裁剪和剪切，或者利用曲面函数，可以创建复杂的物体。

2. 通过修改基本体来创建物体

在 Maya 中做任何事情都有一个简单快捷的方法。其中，应用基本体和 Maya 提供的变换工具来创建物体是最好的方法，这种方法也适用于创建场景。

例如，可以利用立方体来建立楼梯，如图 2-2 所示。只需简单地缩放、复制立方体，然后把每个立方体移动到适当的位置即可。

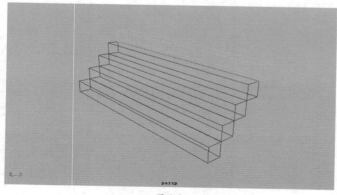

图 2-2

又如，在两个球面上选择曲面曲线，在它们之间创建带形混合物，最后缩放球面，使用自由型曲面填充可创建瓶子（选择"曲面→曲面圆角→圆形圆角"命令）。该过程如图 2-3 所示。

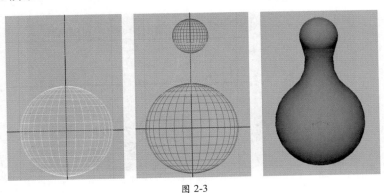

图 2-3

为了创建一个简单的运动物体，可以选择曲面控制点，再变换它们，然后把关键的点设置为变换状态。

具体操作步骤如下。

Step 01 右击被选择的物体，在弹出的快捷菜单中选择"控制顶点"命令，如图 2-4 所示。物体的控制顶点如图 2-5 所示。

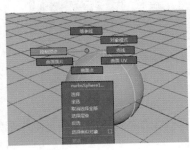

图 2-4

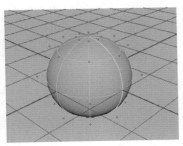

图 2-5

Step 02 用移动工具移动所选中的基本体——球面的控制顶点，如图 2-6 和图 2-7 所示。然后进行拉伸操作。

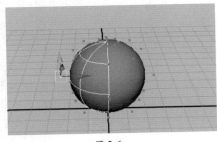

图 2-6

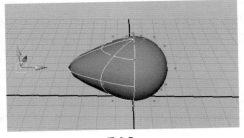

图 2-7

Step 03 也可以在通道栏中变换一个或多个控制顶点。选择控制顶点，然后在 X、Y、Z 文本框中输入具体数值。在通道栏中变换一个控制顶点，改变 X 值，则控制顶点被相应地移动，如图 2-8 所示。

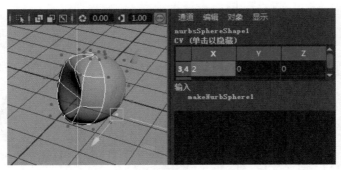

图 2-8

Step 04 可以利用通道栏改变多个控制顶点。图 2-9 所示为改变 3 个控制顶点的位置后的参数面板（选中 3 个顶点后将有 3 个参数选项）。

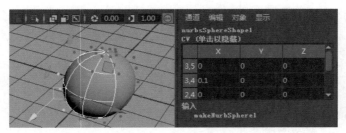

图 2-9

3. 显示基本体操纵器工具

当创建一个球体、圆锥体或圆柱体等 NURBS 基本体时，可以显示用来编辑基本体的特定参数操纵器。为了显示这些操纵器，要确保基本体是历史记录创建的。当激活基本体时或在创建基本体之前选择操纵器工具，然后单击通道栏中的基本体标题，即可显示操纵器。也可以从状态栏的历史菜单中选择基本体标题。

4. 清除操纵器

位于旋转操纵器底部的圆称为清除操纵器。单击并拖动该操纵器的手柄可以清除球体。也可以在创建球体前，在选项窗口中输入一个新的清除值，或者创建球体后在属性编辑器中输入新值，如图 2-10 所示。

5. 操纵器的轴位置

操纵器箭头手柄代表轴的原点和方向（选择"窗口→常规编辑器→属性编辑器"命令）。单击并拖动这些手柄可以改变轴的位置。在激活操纵器时，在文本框中输入具体数值，或者在球体属性编辑器的"位置属性"选项组中输入新值，都可以改变轴的位置，如图 2-11 所示。

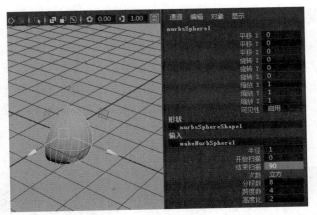

图 2-10

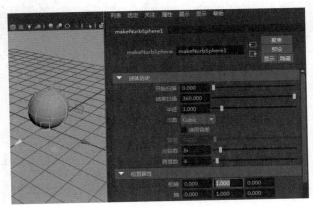

图 2-11

　　轴中点的手柄代表枢轴点的位置。单击并拖动中间的手柄或者在激活操纵器时可改变枢轴点的位置，在文本框中输入具体数值或者在球体属性编辑器的"位置属性"选项组中输入新值，也可改变枢轴点的位置，如图 2-12 所示。

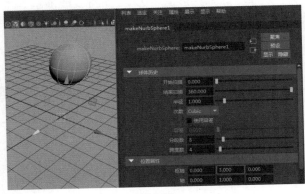

图 2-12

2.1.2 设置基本体选项

在菜单栏中选择"创建→ NURBS 基本体"命令，在打开的子菜单中选择某一命令，就可以建立 NURBS 基本体，如图 2-13 所示。

由于大部分基本体的选项设置类似，下面仅以球体的选项设置为例进行详细说明。

要设置球体选项，必须打开对应的属性编辑器，选择"创建→ NURBS 基本体→球体"命令后面的方块图标，打开"NURBS 球体选项"属性编辑器，如图 2-14 所示。下面具体介绍如何设置。

图 2-13

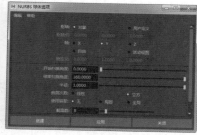

图 2-14

默认情况下，"枢轴"选项组中的"对象"单选按钮被选中。这时，基本体的中心出现在枢轴点，其旋转和缩放的枢轴点位于原点。

例如，球体、圆锥体和圆柱体这 3 个基本体是由简单的曲线旋转而成的，"枢轴"选项组定义了旋转轴的起点。如果要自定义枢轴点，可以选中"用户定义"单选按钮，在"枢轴点"文本框中输入具体值即可。

- "轴"选项组。选择 X、Y 和 Z 轴中的任意一个轴（Y 轴是默认轴），以改变物体中心轴的方向。
- "轴定义"文本框。如果选择 Free 选项，轴定义的 X、Y 和 Z 轴的文本框就被激活，在该文本框中输入新的数值，就可以改变 X、Y 和 Z 轴的方向。
- "开始扫描角度"和"结束扫描角度"。输入关于垂直坐标轴的旋转角，角度值范围为 0°~360°，默认值是 360°，如图 2-15 所示。

图 2-16 所示为一个球体在终止扫描角改为 180°后的效果（一个半球）。

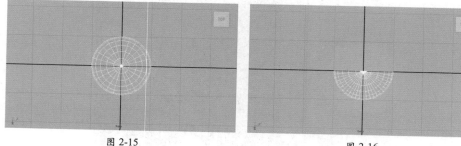

图 2-15

图 2-16

- 半径。在"半径"文本框中输入一个具体数值，或者使用滑块改变半径值。
- 曲面次数。该选项组用来设置曲面次数。下面创建了一个线性（一次）和一个立方（三次）B- 样条球体，如图 2-17 和图 2-18 所示。默认是三次曲面。

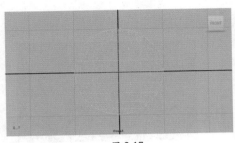

图 2-17

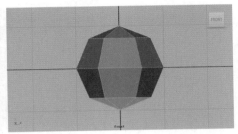

图 2-18

- 使用容差。一个 NURBS 球体基本体是一个真实球体的近似。某些情况下，可能想创建一个与真实球体有一定匹配公差的曲面。分段和跨距越多，匹配就越好。公差一旦确定，跨距的数目就会被自动算出，这样跨距的数目一定能满足给定的公差要求。

如果"使用容差"选项组被选中，则用户通过属性编辑器的公差滑块改变公差值时，可以看到不同精度的球体效果。只有当用户知道需要的公差值时，才能在创建球体前选择相应的选项来设置公差值。

如果选中"无"单选按钮，则不执行公差计算，球体将按给定的分段和跨距的数目创建，这是默认设置。

如果选中"局部"单选按钮，则 NURBS 球体选项属性编辑器的公差都显示为如图 2-19 所示的效果。

可以在"位置容差"文本框中输入一个新值，或拖动滑块，改变位置的容差值。在"首选项"窗口中也可以设置该值（选择"窗口→设置 / 首选项→首选项"命令），如图 2-20 所示。

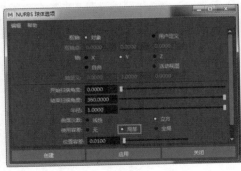

图 2-19

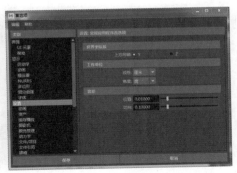

图 2-20

- 分段数。该文本框中的值决定了创建球体组成部分的数量，默认值是 8。

图 2-21 显示了由 16 段球体片组成的球体。分段的数目如果低于 4，则逼近球体的精度很差，如图 2-21 所示。可以在通道栏（或属性编辑器）中改变分段的数目，如图 2-22 所示。

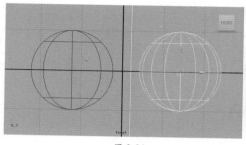

图 2-21

图 2-22

在通道栏中，单击 makeNurbSphere1 符号，然后在"分段数"文本框中输入一个新值。在属性编辑器里，单击 makeNurbSphere1 符号，打开编辑器的记录球体历史部分，然后在"分段数"文本框中输入一个新值。

- 跨度数。在该文本框中输入一个数值，可以定义一个基本体跨距的数目。若跨距的数目少于 4，则逼近球体的精度很差，如图 2-23 所示。

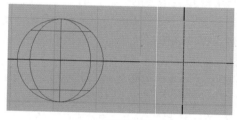

图 2-23

也可以在通道栏或属性编辑器中改变跨距的数目。在通道栏中，单击 makeNurbSphere1 符号，然后在"跨度数"文本框中输入一个新值。在属性编辑器中，单击 makeNurbSphere1 符号，打开编辑器的记录球体历史部分，然后在"跨度数"文本框中输入一个新值。

2.2 创建 NURBS 曲线的方法

在创建曲线前，首先要在工具的属性编辑器中调整选项设置。如果利用默认的选项设置创建曲线，则创建曲线后在属性编辑器中编辑曲线。

2.2.1 用控制点的方法创造曲线

控制点是控制曲线或曲面形状的点。使用控制点曲线工具可以创建自由型曲线。可以使用变换工具操作控制点，对曲线或曲面进行修改。

1. 用控制点创建一条曲线

用控制点创建曲线的操作步骤如下。

Step 01 选择"创建→曲线工具→ CV 曲线工具"命令，如图 2-24 所示。

Step 02 把鼠标指针置于想开始操作曲线的任意一个视图中。

Step 03 单击设置第 1 个控制点。第 1 个控制点标有一个空的小方框，表示它是整个曲线的起点，如图 2-25 所示。

图 2-24

图 2-25

Step 04 在想放置第 2 个控制点的地方单击，设置好两个控制点后，两个控制点之间就出现一条直线。这是视觉线，它控制多边形的一部分而不是控制曲线或曲线段，如图 2-26 所示。

Step 05 单击并设置第 3 个控制点，又会出现一条视觉线连接第 2 和第 3 个控制点，如图 2-27 所示。至此，曲线还没有创建，因为这是一条 3 次曲线，至少得设置 4 个控制点。

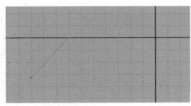

图 2-26

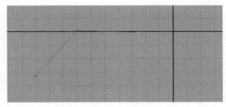

图 2-27

Step 06 单击并放置第 4 个控制点，如图 2-28 所示。

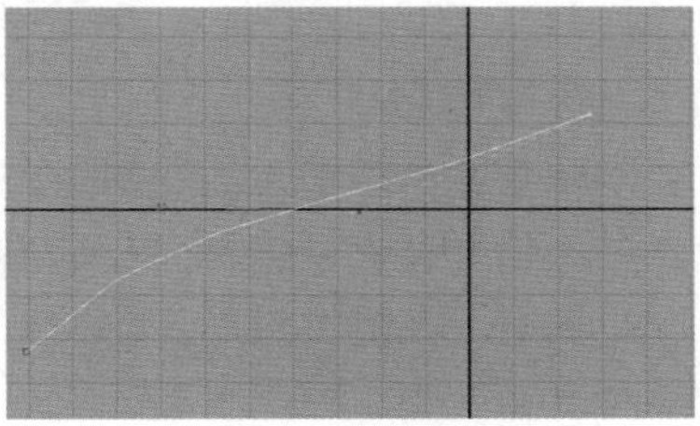

Step 07 当放置第 4 个控制点时，就会创建一条曲线段，它通过第一个和最后一个控制点。要结束曲线的创建，只需按【Enter】键即可。

2. 在曲面上创建控制点曲线

在曲面上创建控制点曲线的操作步骤如下。

Step 01 新建一个球体，选择球体。

Step 02 单击状态栏中的"激活选定对象"图标，如图 2-29 所示。或选择"修改→激活"命令（选中物体的情况下，选择菜单命令），激活曲面。

图 2-28

图 2-29

Step 03 选择"创建→曲线工具→ CV 曲线工具"命令，然后把该曲线的控制点直接放到激活的曲面上即可，如图 2-30 所示。

3. 改变曲线的形状

改变曲线形状的操作步骤如下。

Step 01 在按【Enter】键结束创建控制点曲线前，按【Insert】键。在曲线的最后一个控制点上会出现一个操纵器（默认状态），如图 2-31 所示。

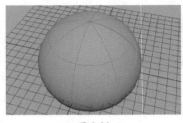

图 2-30

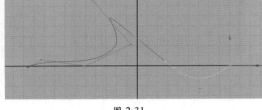

图 2-31

Step 02 拖动操纵器，可移动控制点改变曲线的形状。要继续改变曲线的形状，可以选择另一个控制点，并拖动操纵器。

可以用选取框一次选择多个控制点。按【Insert】键可以继续放置控制。

4. 改变已建立曲线的形状

创建曲线后，可以改变它的形状，具体操作步骤如下。

Step 01 在状态栏中单击"按组件类型选择"图标▦，如图 2-32 所示。

图 2-32

Step 02 单击◉图标，右击，在弹出的快捷菜单中选择"NURBS 编辑点"命令。或者，当鼠标指针位于一条激活的控制点曲线上时，右击，在弹出的快捷菜单中选择控制点的类型，如图 2-33 所示。

图 2-33

Step 03 选择想移动的控制点，选择一个变换工具（本例中选择移动工具），然后拖动操纵器即可移动控制点，如图 2-34 所示。

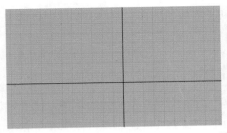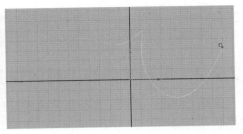

图 2-34

5. 设置控制点曲线工具选项

在创建曲线前，应设置控制点曲线工具选项。可以选择"创建→曲线工具→CV曲线工具"命令后面的方块图标，打开其属性编辑器。

创建曲线后，可以使用通道栏或"工具设置"属性编辑器编辑曲线。"工具设置"属性编辑器如图 2-35 所示。

利用该属性编辑器可以改变曲线次数和节距。

图 2-35

- 曲线次数。"曲线次数"选项组用来决定选择一条曲线的次数。

一次曲线通常是指直线段，二次曲线是指二次方程，立方曲线是指 3 次方程（默认情况），5 次曲线是指 5 次方程等。曲线次数越高，定义一个跨距所需要的控制点越多。如果控制点数相同而曲线次数较高，则曲线看起来就有较大的张力。

如果曲线次数是 n，则每个曲线段应被 $n+1$ 个控制点定义和控制。例如，5 次曲线要求 6 个控制点，如图 2-36 所示。7 次曲线要求 8 个控制点，如图 2-37 所示。

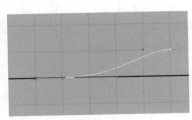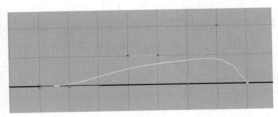

图 2-36   图 2-37

节距的类型与指定控制点的 U 参数值（也称为参数化）有关，有以下 3 种类型：

- 结间距。如果创建一条曲线，则参数值由沿曲线方向的长度决定。参数值 0 被指定为曲线的起点，然后参数值按每两个编辑点之间的弦长长度成比例增加。
- 一致。如果用均匀的节距创建一条曲线，则参数值在每两个编辑点之间有相等的间隔值（如 0、1、2 等）。一条均匀化曲线的参数值总是从 0 到曲线跨距的总数目值，这是默认设置。
- 多端结。曲线跨距连接的部位称为节点。勾选该复选框，有助于控制曲线的形状。

- 弦长。弦长可以更好地分布曲率。如果使用曲线构建曲面，则曲面可能会更好地显示纹理。

2.2.2 用铅笔曲线工具创建曲线

选择"创建→曲线工具→铅笔曲线工具"命令绘制一条曲线的草图，比通过设置控制点或编辑点创建曲线更合适。使用铅笔曲线工具构造曲线可以像在一张纸上画直线那样容易地创建一条曲线。

1. 用铅笔曲线工具创建曲线

用铅笔曲线工具创建曲线的操作步骤如下。

Step 01 选择"创建→曲线工具→铅笔曲线工具"命令。

Step 02 鼠标指针变成一个小的铅笔形状，把它置于准备开始画曲线的地方。

Step 03 单击并拖动铅笔曲线工具，绘出一条曲线，如图 2-38 所示。

Step 04 释放鼠标，停止绘制。

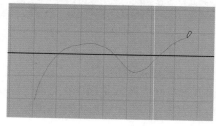

图 2-38

2. 在不同的视图中绘制曲线

只有绘制点间隔超过 5 个像素时，曲线才会被画出来。

如果从某个正常的角度（前面、顶面或侧面）绘制曲线，则样条曲线的两个坐标对应于当前视图的坐标，另外一个坐标被设置为 0。如果从透视的角度绘制曲线，则在背景平面或激活的曲面上创建曲线。

3. 设置铅笔曲线工具选项

在创建曲线前，应设置工具选项。选择"创建→曲线工具→铅笔曲线工具"命令后面的方块图标，打开其"工具设置"属性编辑器。

创建曲线后，可以使用通道栏或"工具设置"属性编辑器编辑曲线。

知识点拨

> 用铅笔曲线工具创建的曲线通常有许多控制点。选择"曲线→重建"命令可以使这种类型的曲线光滑，并简化其控制点。

Ma↓ 2.3 用圆弧工具创建曲线

使用圆弧工具可以创建圆形的曲线。选择"创建→曲线工具"命令，打开"曲线工具"子菜单，如图 2-39 所示。

　　下面介绍利用三点圆弧和两点圆弧创建曲线
的方法。

图 2-39

■ 2.3.1　用三点圆弧工具创建曲线

　　使用三点圆弧工具，通过设置定义圆弧的起点、半径和终点，可以创建一个圆弧。
选择"创建→曲线工具→三点圆弧"命令，最终产生的圆弧的半径是起点和终点之
间距离的一半，这是一条精确的半圆曲线，如图 2-40 所示。创建曲线后，可以通过
通道栏或属性编辑器编辑创建的点。通道栏如图 2-41 所示。

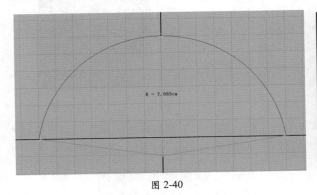

图 2-40

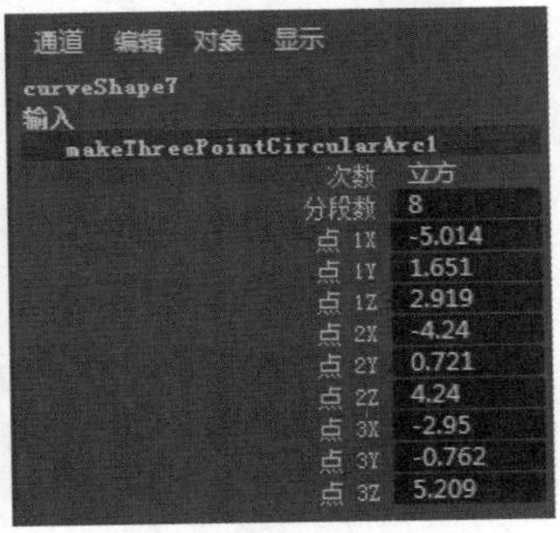

图 2-41

2.3.2　用两点圆弧工具创建曲线

　　使用两点圆弧工具，通过设置定义圆弧的起
点和终点，可以创建一个圆弧。选择"创建→曲
线工具→两点圆弧"命令，曲线效果如图 2-42 所
示。创建曲线后，可以通过通道栏或工具设置属
性编辑器编辑曲线。

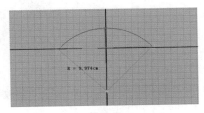

图 2-42

2.4　制作甜甜圈案例

　　本节将学习如何创建 3D 基本体对象，移动、旋转和缩放对象，从不同角度查看
对象，以线框或着色模式查看对象，通过移动顶点、边和面来更改对象的形状，将
材质指定给对象，照亮场景，以及渲染最终图像等知识。

动手练 **建立场景**

建立场景的操作步骤如下。

Step 01 切换到"多边形建模"工具架。单击"多边形建模"工具架中的"多边形圆锥体"按钮█。此时视图中建立了一个圆锥体，如图 2-43 所示。

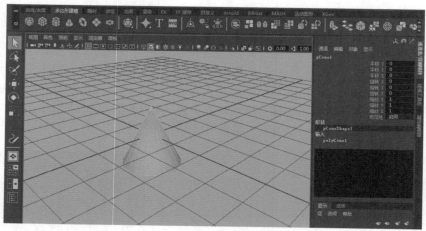

图 2-43

Step 02 在工具栏中选择"旋转工具"█，然后上下倒置旋转圆锥体。也可以打开通道盒并选择 pCone1，然后将"旋转 X"旋转属性更改为 180，如图 2-44 所示。

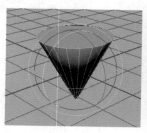
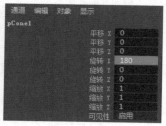

图 2-44

Step 03 在工具栏中选择"缩放工具"█，然后沿 Y 轴缩放圆锥体（通过拖动绿色操纵器），或者在通道盒中设置缩放值，如图 2-45 所示。

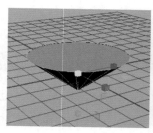

图 2-45

Step 04 选择 pCone1 后，打开属性编辑器，然后将其名称从"pCone1"更改为 "Cone"，如图 2-46 所示。

Step 05 从视图面板的菜单中选择"着色→线框"命令。现在，所有对象都以线框 方式显示，适用于看穿对象，如图 2-47 所示。

图 2-46

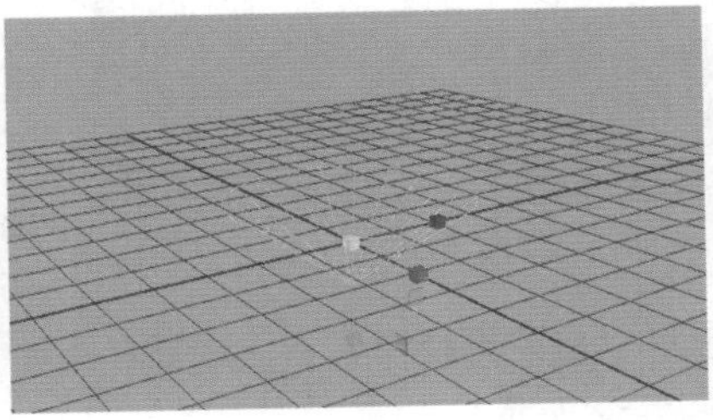

图 2-47

Step 06 单击"多边形建模"工具架中的"多边形圆环体"按钮，在视图中创建 一个圆环，如图 2-48 所示。

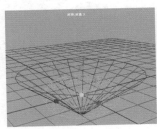

图 2-48

Step 07 移动并缩放圆环，使其放置到圆锥体的顶端。记住使用摄影机工具（翻滚、平移和推拉）从不同角度查看圆锥体，并确保圆环放到了锥形桌面上，如图 2-49 所示。现在需要创建另一个圆环。可以再次单击"多边形圆环体"按钮，或者只需按住 【Shift】键的同时向上移动圆环，即可克隆原始圆环，如图 2-50 所示。

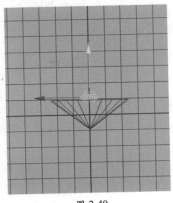

图 2-49

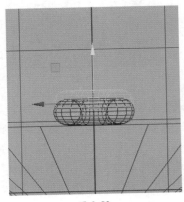

图 2-50

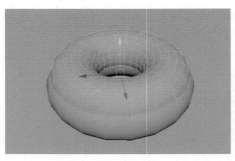

图 2-51

Step08 移动并缩放球体，使克隆的圆环小一些。然后选择视图菜单中的"着色→对所有项目进行平滑着色处理"命令，改回着色显示，如图 2-51 所示。

Step09 选择上面的圆环，打开"建模工具包"面板，在工具包顶部的"多组件"下方，可以看到"对象选择" ⬚、"顶点选择" ⬚、"边选择" ◇、"面选择" ⬚和"UV 选择" ⬚ 按钮。单击"边选择" ◇ 按钮。也可以更改选择模式，方法是在圆环上按住鼠标右键，并将光标拖动到"边"上，如图 2-52 所示。

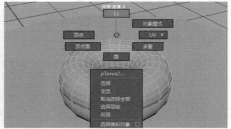

图 2-52

Step10 选择圆环边缘的循环边，如图 2-53 所示。可以双击一条边来一次自动选择循环中的所有边，而不是一次选择一条边。使用缩放工具增加循环边的大小，直到它与下面的圆环边缘的大小相匹配，如图 2-54 所示。

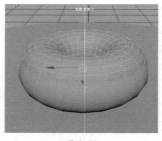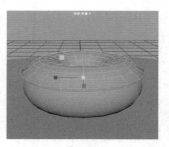

图 2-53   图 2-54

Step11 缩放的循环边看起来非常尖。若要使其平滑，按【3】键，以"平滑网格"模式查看物体。若要还原为原始的未平滑显示，按【1】键。使用"移动工具"向下移动边，使其连接到下面圆环的边缘，如图 2-55 所示。

Step12 制作甜甜圈融化流下来的巧克力，通过"建模工具包"将选择模式从边更改为顶点。按空格键，将视图切换成向下拉的环形边上的最右侧顶点或最左侧顶点。沿着第一个圆环的曲线向下拉顶点，使其类似于液滴，如图 2-56 所示。切换不同的视图，拖动顶点，将粘液制作完成，如图 2-57 所示。

图 2-55

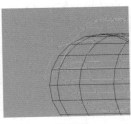

图 2-56

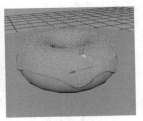

图 2-57

Step13 单击"网格"参数组下方的"平滑"按钮，给甜甜圈添加细分，如图 2-58 所示。

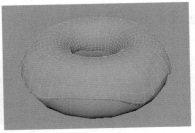

图 2-58

Step14 制作融化流下来巧克力的甜甜圈，在"建模工具包"中更改为"面选择"模式，然后在任一圆环上选择一个面，如图 2-59 所示。通过按【B】键启用"软选择"。网格将更改为渐变颜色，表明已启用"软选择"，如图 2-60 所示。

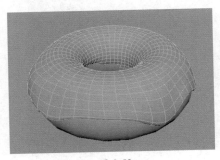

图 2-59

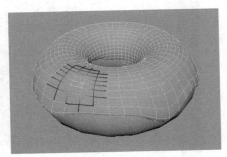

图 2-60

知识点拨

　　黄色区域将完全受任何移动/旋转/缩放操作的影响，而暗色区域几乎不受影响。可以按住【B】键并单击拖动来调整"软选择"半径。如果半径太大（即整个甜甜圈变为黄色），则可以按住【B】键并拖动鼠标中键从 0 开始。

Step15 使用"移动工具"向内推动面，从而创建凹陷。使用其他面创建更多凹陷，如图 2-61 所示，直到获得满意结果，如图 2-62 所示。

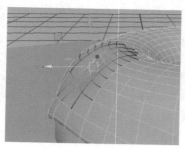

图 2-61

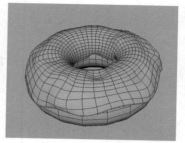

图 2-62

动手练 设置材质和渲染

扫码看视频

　　模型制作完成后，还要给模型添加巧克力、面包和桌面的材质，然后进行图像渲染。本教程的其余部分要求所安装的 Maya 中包含 Arnold 渲染器（默认情况下包含。如果在所使用的 Maya 中未看到 Arnold 功能，则可能是在安装期间取消选择了 Arnold）。

Step01 为圆锥体（桌面）指定材质，单击 ⬡ 按钮切换回对象级别，选择圆锥体。在圆锥体上按住鼠标右键，使用鼠标右键拖动到标记菜单中的"指定新材质..."命令，如图 2-63 所示。

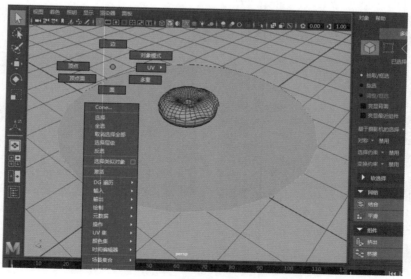

图 2-63

Step02 在"指定新材质"窗口中，选择"标准曲面"选项，如图 2-64 所示。在属性编辑器中，设置"基础"选项组中的"颜色"为蓝色，如图 2-65 所示。

图 2-64 图 2-65

Step03 在"镜面反射"选项组中,将"权重"设置为 0,以降低其光泽度,如图 2-66
所示。

Step04 在 standardSurface 输入框中将材质重命名为 desk(Maya 无法输入中文,
需使用英文字母或数字命名材质),如图 2-67 所示。

图 2-66 图 2-67

Step05 为巧克力液体指定材质。在最上层的环形上按住鼠标右键,然后从标记菜
单中选择"指定新材质"命令。在"指定新材质"窗口中,选择"标准曲面"选项。
在属性编辑器中,设置"基础"选项组中的"颜色"为巧克力色(棕色),如图 2-68
所示。将材质重命名为 chocolate。

Step06 对第二个圆环重复执行上述步骤,将"颜色"更改为面包的颜色(黄色),
如图 2-69 所示。

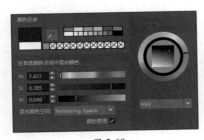

图 2-68 图 2-69

Step07 应用材质后,接下来要照亮和渲染场景。添加灯光后将在模型上创建更
加逼真的反射和折射,而对其进行渲染后将生成高质量的最终场景图像。切换到
Arnold 工具架,单击"创建天顶灯光"按钮■,创建天光,如图 2-70 所示。

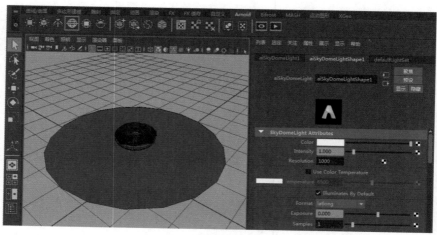

图 2-70

Step 08 若要查看采用照明的场景，在视图工具栏中启用"使用所有灯光" 。还可以启用"纹理""阴影""屏幕空间环境光遮挡"和"多采样抗锯齿"，以获得更高质量的显示结果，如图 2-71 所示。

Step 09 下面渲染最终图像。单击工具架上方的"渲染当前帧"按钮 ，如图 2-72 所示。

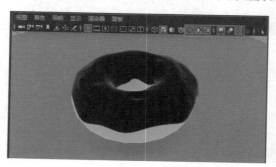

图 2-71

图 2-72

知识点拨

　　如果找不到"渲染当前帧"按钮 ，可以将工作区改为"渲染－标准"模式，在工具架上方展开折叠的工具栏，即可找到。

Step 10 如果照明太亮或太暗，可以单击界面左侧工具栏的"大纲"按钮 ，在大纲视图中选择天顶光，如图 2-73 所示，然后在"属性编辑器"中调整其"强度"（Intensity）参数，如图 2-74 所示。

Step 11 保存图像。单击 Arnold 工具架上的 按钮，渲染视图，如图 2-75 所示。渲染完成后，选择 File → Save Image 命令保存文件（建议以 .jpg 或 .png 格式保存）。

图 2-73

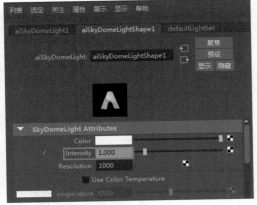

图 2-74

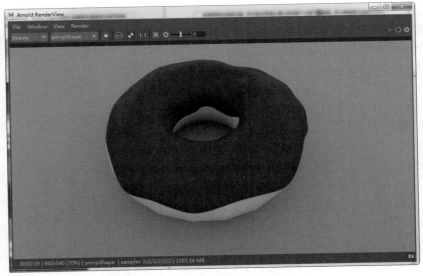

图 2-75

Step12 通过上面的操作，读者已经成功迈出了学习 Maya 的第一步。可以随意尝试处理场景，包括添加甜甜圈上的芝麻粒、将圆锥体桌面修改为立方体或者添加 / 投射区域光，使渲染效果更加生动。

 ## 2.5 练习题

一、电视塔

本练习利用曲面工具搭建模型，如图 2-76 所示。

图 2-76

练习要求与步骤：

（1）利用菜单命令创建曲面。

（2）创建不同的曲面。

（3）单击"平移 / 旋转 / 缩放"按钮，进行搭建。

（4）在不同的视图中调整曲面。

（5）保存结果。

二、熟知曲线

本练习掌握画线工具的使用方法，如图 2-77 所示。

图 2-77

练习要求与步骤：

（1）创建画线工具。

（2）利用画线工具勾勒出图案。

（3）利用控制点微调图案。

（4）保存结果。

第3章
编辑曲线

在本章中，将深入学习创建曲线后对曲线进行的一系列编辑操作。将详细介绍如何对曲线增加控制点、使用曲线编辑工具、编辑投影曲线、重建曲线、延伸曲线、连接曲线、分离曲线、打开和封闭曲线等知识要点，并以实例形式的动手操练来巩固所学知识。

3.1 增加曲线的点

生成曲线后，有时需要在曲线上增加某些点。使用"曲线→添加点工具"命令，可以对一条曲线或曲面上的曲线增加控制点或编辑点。

知识点拨

如果想在曲线的起始端添加点，可选择"曲线→反转方向"命令，使曲线反向。

3.2 使用曲线编辑工具

生成一条曲线后，就可以打开通道栏或属性编辑器，然后变换曲线或改变它的显示方式。也可以使用变换工具通过变换控制点来改变其形状。

动手练 **编辑曲线点**

扫码看视频

选择"曲线→曲线编辑工具"命令，这是一个便捷的工具，使用它可以改变曲线上任一点的位置或该点的切线方向，迅速地改变曲线形状。该工具在任何一种曲线模型或激活方式中都可以使用。单击想修改的曲线，显示曲线编辑操纵器，它有几个操纵器手柄，如图 3-1 所示。单击并拖动一个激活的操纵器，改变曲线上点的位置和切线方向。

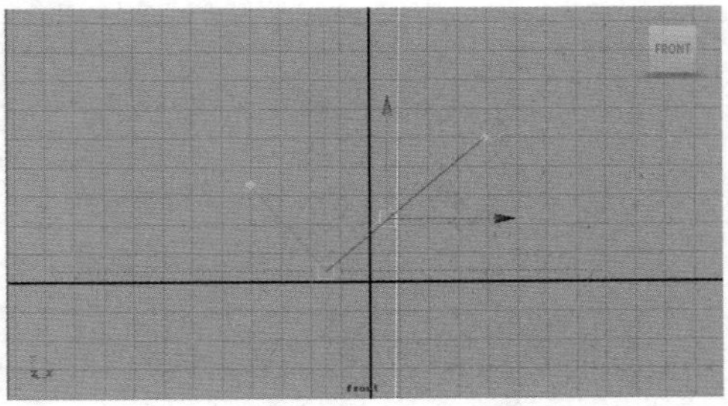

改变参数位置。操纵器的参数位置手柄由曲线上编辑操纵器激活的那个点决定。当用户沿着曲线移动手柄时，它会显示相应的参数值，表示曲线的切线和缩放方向。单击并拖动参数位置的操纵器手柄到一个新的位置，或者在窗口最下边的数字输入栏中输入一个新值，然后按【Enter】键，即可改变参数位置，如图 3-2 所示。

图 3-1

知识点拨

如果单击鼠标中键并向左边拖动操纵器，它会显示曲线的起始点。使用这个操纵器时，单击状态栏的捕捉点图标，即可打开捕捉点功能，可以捕捉曲线上的编辑点。

变换曲线的切线。单击并拖动切线操纵器，可以缩放或旋转曲线的切线。使用这些操纵器时，可以利用鼠标中键或右键来改变曲线的切线。单击并按住鼠标左键拖动操纵器，可以移动一个激活的操纵器。单击并按住鼠标中键拖动操纵器，可以相对于鼠标指针位置移动一个激活的操纵器。

在下面的实例中，拖动切线缩放操纵器手柄可以缩放切线，如图 3-3 所示。拖动切线方向的操纵器手柄可以改变切线的方向，如图 3-4 所示。

改变点的位置。拖动点的位置操纵器手柄可以改变点的位置，如图 3-5 所示。

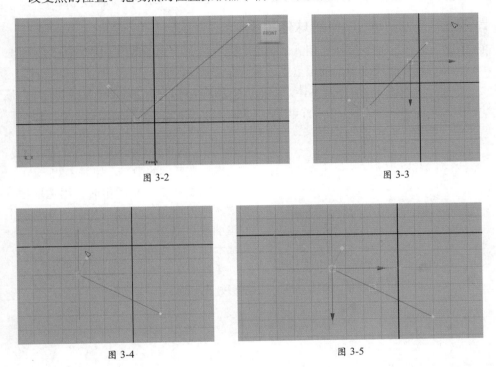

图 3-2　　　　　　　　　　　　　　　　　图 3-3

图 3-4　　　　　　　　　　　　　　　　图 3-5

水平或垂直排列切线。红色和蓝色的虚线代表轴向。单击红色虚线将按水平方向排列切线，如图 3-6 所示；单击蓝色虚线将按垂直方向排列切线，如图 3-7 所示。

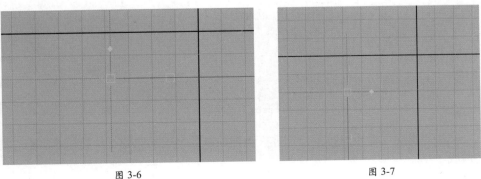

图 3-6　　　　　　　　　　　　　　　图 3-7

3.3 投影曲线

使用"曲面→在曲面上投影曲线"命令，可以把一条曲线或一组曲线投影到一个曲面或一组曲面上。这样可以创建曲面上的曲线或裁剪曲线。

曲面上的曲线是指直接在某个曲面上创建的曲线。这些特殊的曲线是在一个所选曲面的 UV（横坐标、纵坐标）参数空间内创建的，并成为该曲面的一部分。

扫码看视频

动手练 给球体投影

下面的实例使用默认的选项设置。使用"在曲面上投影曲线"命令时，哪个视图是激活的很重要，默认在前视图投影。

新建一个 NURBS 球体基本体。取消选中该基本体选择"创建→类型"命令，展开视图右侧的属性编辑器。在 Type1 选项组中可以改变文本字体和内容，在"几何体"页面的"网格体"参数组中可设置曲线的细节，单击 根据类型创建曲线 按钮，根据文本创建曲线。删除原来的文本，保留文本曲线，把文本放在球体的中心，如图 3-8 所示。

当基本体在前视图中时，用选取框选择文本和基本体。选择"曲面→在曲面上投影曲线"命令，文本在透视图中是投影到基本体上的，如图 3-9 所示。

选择原始文本曲线并按【Delete】键，投影效果如图 3-10 所示。

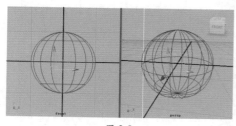

图 3-8

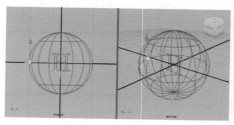

图 3-9

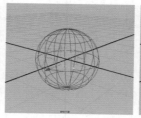

图 3-10

3.4 重建曲线

使用"重建"命令可以重新创建一条曲线或曲面上的曲线，从而构造出更光滑的曲线。

动手练 **重建一条曲线**

单击或用选取框选择想重建的曲线，选择"曲线→重建"命令，曲线是基于当前的设置重建的。在下面的实例中，曲线以默认的设置被重建，如图 3-11 和图 3-12 所示。

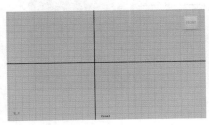

图 3-11

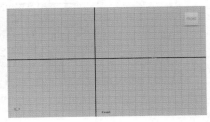

图 3-12

Step01 在曲线的属性编辑器中勾选"保持原始"复选框（默认情况下它没有被选中），如图 3-13 所示，然后选择"显示→ NURBS →编辑点"命令。这样重建曲线时，会在曲线上看到控制点或编辑点，如图 3-14 所示。

图 3-13

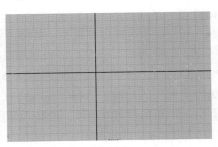

图 3-14

Step02 可以看到原始曲线的上部会出现一条新曲线，如图 3-15 所示，该曲线是激活的。可以移动新曲线并选择原始曲线。然后，改变曲线的设置，这样可以比较结果，并删除不想要的曲线，如图 3-16 所示。

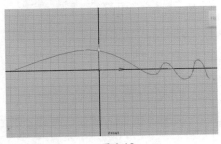

图 3-15

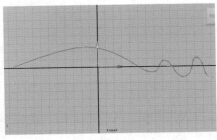

图 3-16

Step03 也可以从通道栏单击标题选择原始曲线，从而显示和编辑该曲线的参数，如图 3-17 所示。

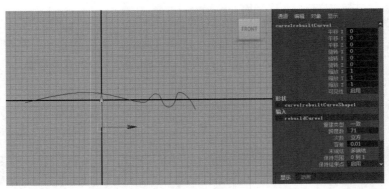

图 3-17

Ma🔷 3.5 延伸曲线

构造完一条曲线后，有时会发现当进行其他操作时，曲线的长度不够，无法与其他曲线相交；也可能需要延长一条特定的曲线，以改变一个曲面。

使用"延伸曲线"命令，可以利用线性、循环或外推的方法延伸一条曲线或曲面上的曲线。

选择要延伸的曲线。选择"曲线→延伸→延伸曲线"命令，默认情况下，在离曲线终点一个单位距离处延伸。选择"显示→ NURBS →编辑点"命令，显示曲线上的新点，如图 3-18 和图 3-19 所示。

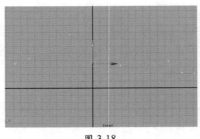

图 3-18

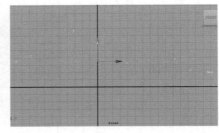

图 3-19

Ma🔷 3.6 连接曲线

"附加曲线选项"属性编辑器中包含一个"保持原始"复选框，它能使曲线连接后保持原始曲线。"保持原始"复选框默认情况下是选中的。如果状态栏中的"构建历史"图标 处于选中状态，则需取消对"保持原始"复选框的勾选；否则连接曲线或曲面后再被修改，会发生奇怪的现象。下例为勾选"保持原始"复选框和 图标来连接两条曲线，然后在 X、Y 和 Z 轴向都缩小 0.5，如图 3-20 所示。

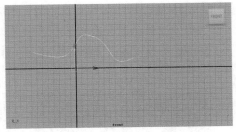

图 3-20

如果选中 图标，而取消对"保持原始"复选框的勾选，则连接的曲线取代原始的曲线。当缩放最终连接的曲线时，缩放会应用于原始曲线（被取代的曲线）并改变曲线的形状，因而也改变了连接部分，如图 3-21 所示。

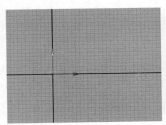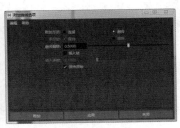

图 3-21

动手练　连接两条曲线

连接两条曲线的操作步骤如下。

Step01 用选取框选择要连接的曲线。

Step02 选择"曲线→附加"命令，连接曲线相距最近的两个端点，如图 3-22 和图 3-23 所示。

扫码看视频

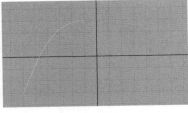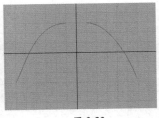

图 3-22　　　　　　　　　图 3-23

也可以设置一个曲线点来给定连接的位置。可以使用快捷菜单或"按组件类型选择"图标 来设置一个曲线点。下面介绍如何放置曲线点。

1. 使用快捷菜单放置曲线点

Step01 选择第一条曲线，在曲线上右击，在弹出的快捷菜单中选择"曲线点"命令，如图 3-24 所示。

Step02 在要放置第一个曲线点的地方单击曲线，在单击位置就会显示一个点。按住【Shift】键并选择另外一条曲线，然后释放鼠标。

Step03 在这条曲线上右击，然后再次在弹出的快捷菜单中选择"曲线点"命令。

Step04 按住【Shift】键，单击下一个连接的位置，在单击的位置显示又一个点，如图 3-25 所示。

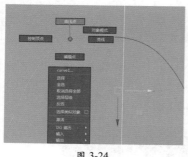

图 3-24

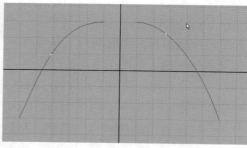

图 3-25

Step05 选择"曲线→附加"命令即可连接曲线。

2. 在元素模式下放置曲线点

Step01 单击状态栏中的"按组件类型选择"图标 ⊞。

Step02 右击"选择点"图标 ◎，在弹出的快捷菜单中选择"NURBS 曲线点"命令，如图 3-26 所示。

图 3-26

Step03 单击第一条曲线放置第一个点，然后按住【Shift】键并单击第二条曲线。

图 3-27

Step04 选择"曲线→附加"命令，打开"附加曲线选项"属性编辑器，如图 3-27 所示。

下面简单介绍如何设置该属性编辑器。

"多点结"选项，用来确定连接点处的重节点在连接后是否被保持和移动。

选中"保持"单选按钮，可以保证在连接处生成的重节点作为一个连接的结果，这是默认设置。

选中"移除"单选按钮，可以在连接点处删除重节点。如果需要，其几何形状也可以改变。

如果勾选"保持原始"复选框，则原始曲线或曲面在连接后保持不变。

3.7　分离曲线

使用"分离"命令，可以把一条曲线断开成两条曲线。

动手练　分离构造曲线

下面展示利用"分离"命令来生成一个旋转曲面的构造曲线的方法。旋转曲面必须利用"按组件类型选择"图标 生成。

Step01 选择原始的构造曲线，如图 3-28 所示。

扫码看视频

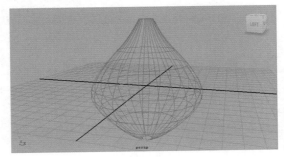

图 3-28

知识点拨

如果很难选择构造曲线，则打开大纲视图窗口，即可从其中选择构造曲线。

Step02 单击状态栏中的"按组件类型选择"图标 ，右击"选择点"图标 ，在弹出的快捷菜单中选择"NURBS 曲线点"命令，或者当鼠标指针放在激活的曲线上时，右击，在弹出的快捷菜单中选择"曲线点"命令。单击想分离曲线的地方，此处会出现一个点，如图 3-29 所示。

Step03 要在分离曲线前改变分离的位置，则单击另一个点并沿着曲线拖动它。选择"曲线→分离"命令，构造曲线在该点处分开，分开的部分被高亮显示，且所选曲面被重建，如图 3-30 所示。

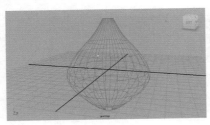

图 3-29

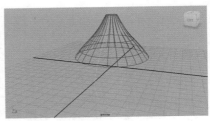

图 3-30

Step04 要删除不想要的曲线部分，可以取消选定的任何对象，再选择要删除的曲线部分，如图 3-31 所示，然后按【Delete】键。也可以一次在多个曲线点处分离曲线，方法是在放置曲线点时按住【Shift】键并单击曲线，然后选择"曲线→分离"命令，如图 3-32 所示。

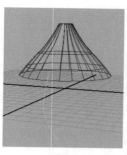 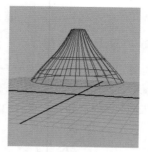

图 3-31　　　　　　　　　　　　　图 3-32

扫码看视频

动手练　**移动一个周期曲线的起点**

一条周期曲线（如圆或封闭曲线）有一个起始点，可以应用分离曲线来移动这个点。

Step01 在生成曲线或圆周前，确保不选中"构建历史"图标，然后选择"显示→ NURBS → CV"命令。

Step02 右击，在弹出的快捷菜单中选择"曲线点"命令。

Step03 单击确定一个分离点，然后选择"曲线→分离"命令，可以移动起点到曲线点的位置。

Maya 3.8　打开和封闭曲线

使用"打开/关闭"命令，可以打开或封闭一条曲线。

扫码看视频

动手练　**打开和封闭一条曲线**

打开和封闭一条曲线的操作步骤如下。

Step01 选择想封闭的曲线，然后选择"曲线→打开/关闭"命令，封闭曲线，如图 3-33 所示。

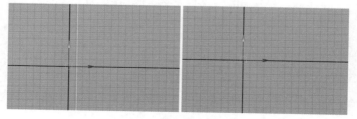

图 3-33

Step02 再次选择"曲线→打开/关闭"命令，可以重新打开曲线。

一条打开的曲线能创建一个封闭曲面，创建封闭曲面的操作步骤如下。

Step01 把一条打开的曲线作为一条构造曲线，如图3-34所示，然后选择"曲面→旋转"命令，将曲线旋转为曲面，如图3-35所示。

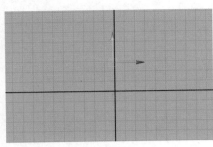
图 3-34

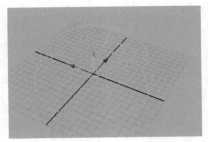
图 3-35

Step02 单击构造的曲线并选择"曲线→打开/关闭"命令。现在这个旋转曲面就成为封闭的了，如图3-36所示。也可以通过选择构造曲线并选择"曲线→打开/关闭"命令，而再次打开曲面。

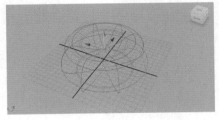
图 3-36

3.9 练习题

本练习帮助读者掌握本章所学的曲面知识，并创建一个拱桥模型，如图3-37所示。

图 3-37

练习要求与步骤：

（1）利用弧线工具创建拱形。

（2）投影制作拱洞。

（3）裁剪工具的运用。

（4）保存结果。

第4章
编辑曲面

　　本章将学习如何创建曲面，利用通道盒来调节属性。还将详细介绍创建倒角曲面、延伸曲面、放样曲线和曲面、旋转曲面、相交曲面、连接曲面、分离曲面、打开和封闭曲面，以及填充曲面的知识要点，并以实例形式的动手操练来巩固所学知识。

4.1　倒角曲面

利用"倒角"命令，可以从任何一条曲线（包括文本曲线和裁剪边界）创建一个具有倒角边界的曲面。

从一条曲线创建一个倒角的曲面的方法很简单，只要单击要倒角的曲线并选择"曲面→倒角"命令即可。图 4-1 所示为用文本曲线创建曲面的过程。

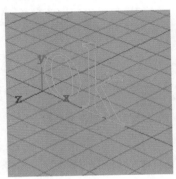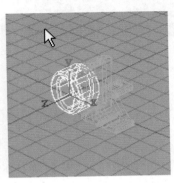

图 4-1

动手练　用等参线创建一个倾斜曲面

用等参线创建一个倾斜曲面的操作步骤如下。

Step 01 新建一个 NURBS 球体，为了选择等参线，单击状态栏中的"按组件类型选择"图标。右击"选择线"图标，在弹出的快捷菜单中选择"NURBS 曲线点"命令。

扫码看视频

Step 02 单击球体的中间线，选择一条等参线。

Step 03 选择"曲面→倒角"命令，倾斜等参线，如图 4-2 所示。

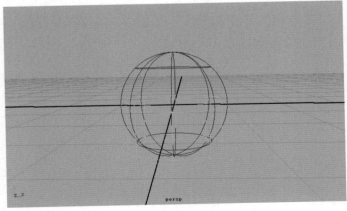

图 4-2

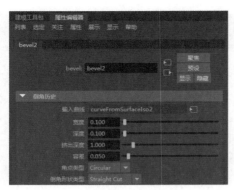

图 4-3

默认情况下，倾斜宽度和倾斜深度为 0.1 个线性测量单位，延伸高度为 1.00 个线性测量单位。

Step 04 倒角曲面创建后，可以在属性编辑器中设置倒角参数，如图 4-3 所示。

Ma 4.2 延伸曲面

使用"挤出"命令，可以通过沿着一条路径移动一条交叉组合的外廓线曲线而构造一个曲面。挤出是通过扫描一条外廓线而进行的。在延伸前，需设置每条外廓线的中心点，以确定外廓线曲线和路径之间的关系。

这里所说的外廓线曲线，即沿着路径挤出的曲线，是一条打开或封闭的自由曲线，也可以是一条曲面的等参线、曲面上的曲线或裁剪边界。

动手练 创建延伸曲面

扫码看视频

创建一个延伸的曲面至少需要两条曲线：一条路径曲线和一条外廓曲线。创建延伸曲面的操作步骤如下。

首先选择外廓线曲线，然后按住【Shift】键选择路径曲线，如图 4-4 所示。选择"曲面→挤出"命令，效果如图 4-5 所示。

图 4-4

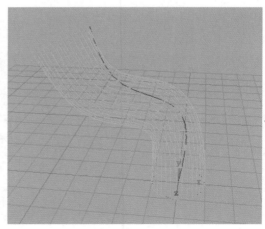

图 4-5

如果选择了两条以上的曲线，则首先选择所有的外廓线曲线，然后选择最后一条路径曲线。为了不使用路径曲线挤出一条外廓线曲线，可以在属性编辑器中把挤出类型设置为距离。如果挤出路径在方向上突然改变，则会在路径周围出现扭曲。如果发生这种情况，则可增加路径上控制点的数目，从而逐步均匀地改变控制点之间的方向。

4.3　放样曲线和曲面

使用"放样"命令，可以构造一个通过一系列外廓线曲线的曲面。这些曲线可以是曲面上的曲线、曲面的等参线或裁剪的边界。放样经常应用于用曲线和基本物体创建新的曲面，或者应用于封闭或张开的曲面。在放样前，至少需要两条外廓线曲线或曲面的等参线。

扫码看视频

动手练　曲线的放样

放样曲线的操作步骤如下。

Step01 选择放样的第一条曲线，然后按住【Shift】键，继续选择后面的曲线。

Step02 选择"曲面→放样"命令。用放样法创建的曲面是通过一条条曲线构造出来的，这样便于选择。默认情况下，最后选择的曲线以绿色显示，如图4-6和图4-7所示。

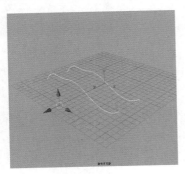

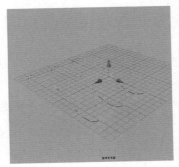

图 4-6　　　　　　　　　　　　图 4-7

动手练　增加新曲线

对一个具有构造历史的放样法创建的曲面增加新曲线，操作步骤如下。

Step01 选择一条创建放样曲面的曲线，要用构造历史记录的颜色显示放样曲面，如图4-8所示。

扫码看视频

Step 02 选择想增加的曲线，如图 4-9 所示，然后选择"曲面→放样"命令，放样后的曲线如图 4-10 所示。

Step 03 对原始的放样曲面增加两条曲线后，创建的结果如图 4-11 所示。

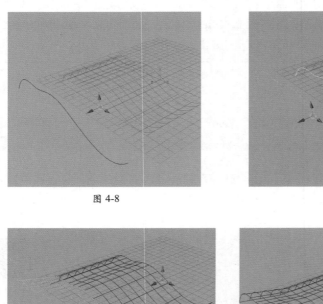

图 4-8   图 4-9

图 4-10   图 4-11

Ma 4.4 旋转曲面

选择"旋转"命令，可以绕某个轴旋转一条外廓线曲线来构造一个曲面。也可以旋转任何一条曲线，如自由曲线、曲面的等参线、曲面上的曲线或裁剪边界等。旋转角度最大可达 360°。

动手练 旋转一条曲线

旋转一条曲线来建立一个曲面的操作步骤如下。

Step 01 在前视图中画一条曲线，使它在透视图中垂直 Y 轴。将这条曲线作为想构造的曲面的轮廓线，称为外廓曲线，如图 4-12 所示。

扫码看视频

Step02 当曲线被激活时，选择"曲面→旋转"命令，建立曲面，如图 4-13 所示。默认情况下，所有选择的曲线绕着世界坐标系的 Y 轴旋转 $360°$。曲面的 U 参数方向取决于原始曲线，V 参数方向取决于旋转的方向。

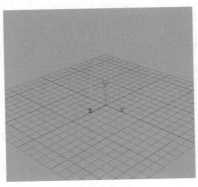
图 4-12

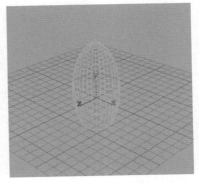
图 4-13

Step03 在属性编辑器中可对旋转参数进行修改。

4.5 相交曲面

　　使用"相交"命令，可以使一个物体与另一个物体相交。对后面曲面的修改来说，这是一种创建裁剪曲线的快速方式。在本例中，将两个 NURBS 基本体——平面和球体用作两个相交的曲面。

动手练 **创建相交曲面**

创建相交曲面的操作步骤如下。

扫码看视频

Step01 选择要相交的两个曲面，如图 4-14 所示。

Step02 选择"曲面→相交"命令，创建一条曲面上的曲线或裁剪曲线，如图 4-15 所示。

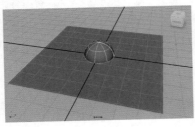

图 4-14

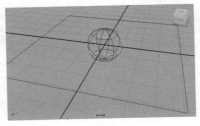
图 4-15

Step03 利用裁剪工具（"曲面→修剪工具"命令）来裁剪锥形顶部或底部，如图 4-16 所示。

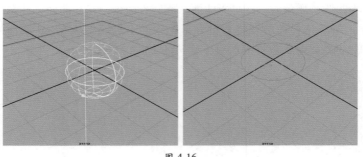

图 4-16

如果选择了许多曲面（如 10 个），则选择的最后一个曲面是目标曲面，即前 9 个所选曲面中，每个都被第 10 个曲面分割。

Ma 4.6 连接曲面

为了给定曲面的连接位置，可以使用快捷菜单中的命令或单击"按组件类型选择"图标。必须选择曲面的等参线来连接两个曲面。

当选择等参线连接曲面时，被连接的曲面决定于选择的次序。在本例中，等参线以不同的次序选择，最终产生的曲面也不同。连接两条曲线时应用了相同的方法，如图 4-17 和图 4-18 所示。

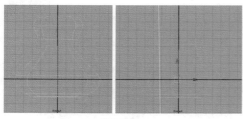

图 4-17   图 4-18

动手练 **使用快捷菜单选择等参线**

扫码看视频

使用快捷菜单选择等参线的操作步骤如下。

Step01 将鼠标指针放在曲面上，右击，在弹出的快捷菜单中选择"等参线"命令，然后单击一条等参线，如图 4-19 和图 4-20 所示。

Step02 按住【Shift】键，选择另一个曲面，然后释放鼠标。

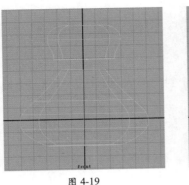

图 4-19

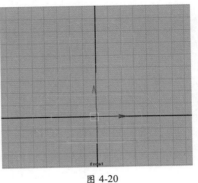

图 4-20

Step 03 再将鼠标指针放在第 2 个曲面上，右击，在弹出的快捷菜单中再次选择"等参线"命令。

Step 04 按住【Shift】键，选择第 2 条等参线。选择"曲面→附加"命令，连接两个曲面，如图 4-21 和图 4-22 所示。

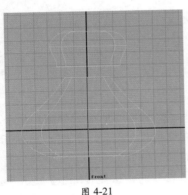

图 4-21

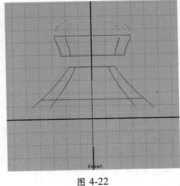

图 4-22

动手练 在元素模式下选择等参线

在元素模式下选择等参线的操作步骤如下。

Step 01 单击状态栏中的"按组件类型选择"图标 。

Step 02 右击"选择线"图标 ，在弹出的快捷菜单中选择"NURBS 等参线"命令，如图 4-23 所示。单击想连接的第一条等参线，然后按住【Shift】键，单击第二条等参线。

扫码看视频

图 4-23

Step 03 选择"曲面→附加"命令，以连接两个曲面。

4.7 分离曲面

使用"分离"命令，可以打开当前一个封闭的曲面，或者分离一个曲面。分离一个曲面的操作步骤如下。

动手练 **分离一个曲面**

分离一个曲面的操作步骤如下。

扫码看视频

Step01 选择要分离的曲面，如图 4-24 所示。

Step02 将鼠标指针放在激活的曲面上，右击，在弹出的快捷菜单中选择"等参线"命令。单击想分离曲面的等参线，如图 4-25 所示。

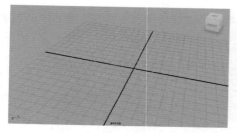

图 4-24

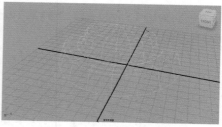

图 4-25

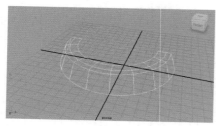

图 4-26

Step03 选择"曲线→分离"命令，曲面从给定的等参线处分开，如图 4-26 所示。

也可以一次在多条等参线处分离曲面。当选择等参线时，按住【Shift】键并单击多条等参线，然后选择"曲线→分离"命令，如图 4-27和图 4-28 所示。

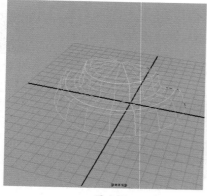

图 4-27

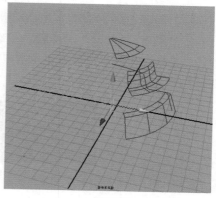

图 4-28

4.8　打开和封闭曲面

选择"打开 / 关闭"命令，可以使曲面之间闭合。从一条打开的曲线创建一个封闭的曲面的操作步骤如下。

动手练　打开一个曲面

打开一个曲面的操作步骤如下。

扫码看视频

Step01 把一条打开的曲线作为一条构造曲线，然后选择"曲面→旋转"命令，如图 4-29 所示。

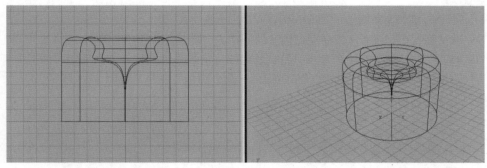

图 4-29

Step02 选择构造的曲线，选择"曲面→打开 / 关闭"命令，可以看到旋转的曲面就成为封闭的曲面了，如图 4-30 和图 4-31 所示。也可以通过选择构造曲线并选择"曲面→打开 / 关闭"命令，再次打开曲面。

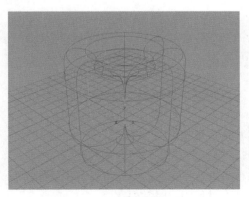

图 4-30

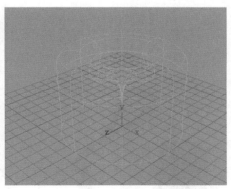

图 4-31

Ma 4.9 填充曲面

利用填充可以迅速创建一个具有完整边界的物体，或者把两个曲面混合在一起。有 3 种填充方法：圆角、自由圆角和融合圆角。选择"曲面→曲面圆角→圆形圆角"命令，可以在两个已存在的曲面之间构造一个填充曲面。下面的实例使用了 NURBS 基本体，在两个物体连接处迅速创建了一个光滑的圆形边界。

动手练 填充一个曲面

创建一条圆形曲面填充带的操作步骤如下。

扫码看视频

Step 01 创建并缩放 NURBS 的平面基本体，然后创建一个 NURBS 的圆锥基本体。

默认情况下，圆锥体是在原点创建的，所以可知道它穿过了平面，如图 4-32 所示。

Step 02 为了在圆锥体和平面的相交处创建一条圆形填充带，可以用选取框选平面和圆锥体，然后选择"曲面→曲面圆角→圆形圆角"命令，如图 4-33 所示。

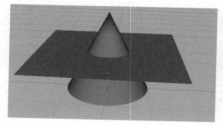

图 4-32

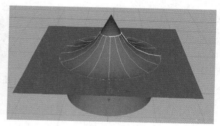

图 4-33

Ma 4.10 练习题

图 4-34

本练习以帮助读者掌握本章所学的知识为主，如图 4-34 所示。

练习要求与步骤：

（1）运用挤出工具制作鼠标线模型。

（2）利用边界和双轨成形等工具制作鼠标模型。

（3）制作过程中要时常保存。

（4）制作完成后保存结果。

第5章
NURBS 高级角色建模

通过前面几个章节的深入学习，读者已经掌握了曲面的创建方法。本章将利用前面学习到的知识及相关技术创建一只顽皮的小狗。本章将详细介绍复制曲线、分离曲面及缝合曲面的实际应用方法。

5.1 NURBS 小狗建模

首先要知道所要建立的模型的形状，如图 5-1 所示，如果在脑海中还没有要建立模型物体的概念时就盲目地开始建立模型，只会浪费时间。可以先上网或查看资料后再去工作将事半功倍。

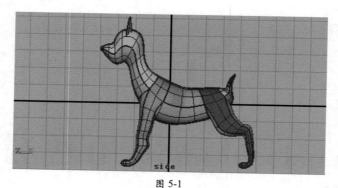

图 5-1

5.1.1 建立小狗的头和身体部位模型

下面制作小狗的头和身体部位模型。

Step01 启动 Maya，建立一个新的项目。选择"创建→ NURBS 基本体→球体"命令后面的方形图标，在打开的窗口中设置参数，如图 5-2 所示。单击"创建"按钮，建立一个 NURBS 球体，如图 5-3 所示。

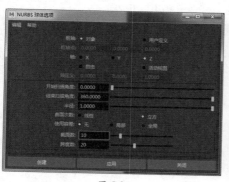

图 5-2

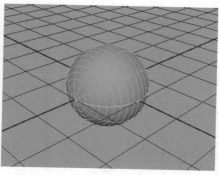

图 5-3

Step02 在侧视图窗口中按空格键，放大视窗。选取缩放工具，拖动手柄，调整 NURBS 球体比例，如图 5-4 所示。位移、旋转、缩放的快捷键分别为【W】【E】【R】。

Step03 右击 NURBS 球体，在弹出的快捷菜单中选择"控制顶点"命令，如图 5-5 所示。

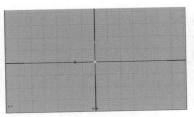 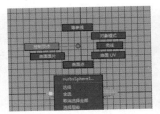 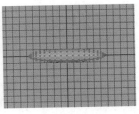

图 5-4　　　　　　　　　　　图 5-5

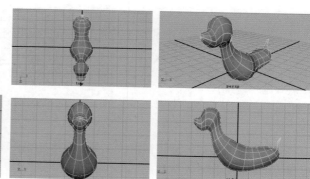

图 5-8

图 5-9

Step 02 选择"曲面→插入等参线"命令，在弹出的窗口中设置参数，如图 5-10 所示。单击"插入"按钮，确认操作。可以看到在选定的曲线中间位置插入了新的曲线，如图 5-11 所示。添加多条等参线，可以选择一条等参线，按住【Shift+Ctrl】组合键移动等参线多次，单击"插入"按钮。

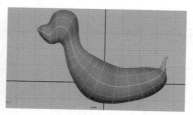

图 5-10

图 5-11

Step 03 选择如图 5-12 所示的 ISO 曲线。

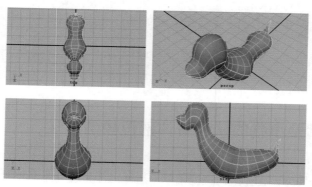

图 5-12

Step 04 选择"曲面→插入等参线"命令，在弹出的窗口中设置参数，如图 5-13 所示。单击"插入"按钮，确认操作。可以看到在选定的曲线中间位置插入了新的曲线，如图 5-14 所示。

Step 05 选择如图 5-15 所示的 ISO 曲线。

图 5-13

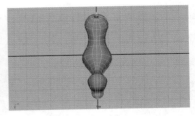

图 5-14

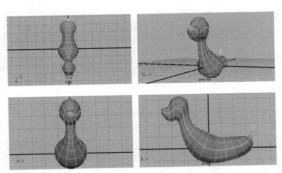

图 5-15

Step06 选择"曲面→插入等参线"命令，在弹出的窗口中设置参数，如图 5-16 所示。单击"插入"按钮，确认操作。可以看到在选定的曲线中间位置插入了新的曲线，如图 5-17 所示。

图 5-16

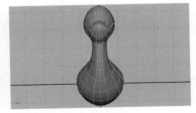

图 5-17

Step07 选择如图 5-18 所示的曲线（中心线）。

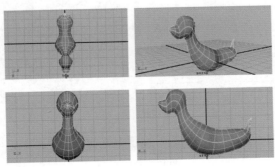

图 5-18

Step08 选择"曲面→分离"命令，将模型切分，如图 5-19 所示。

Step09 任意选择模型的一半，按【Delete】键删除，如图 5-20 所示。

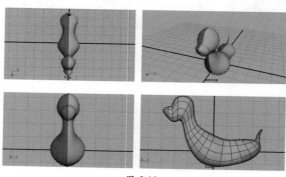

图 5-19

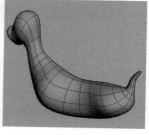

图 5-20

Step10 选择如图 5-21 所示的曲线。

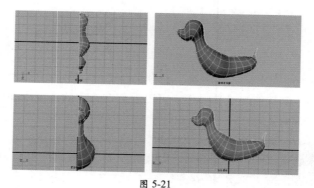

图 5-21

Step11 选择"曲面→分离"命令，将模型切分，如图 5-22 所示。

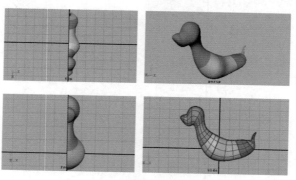

图 5-22

Step12 选择如图 5-23 所示的曲线。显示上好像是两条曲线，实际上只选择了一条曲线，因为这是一条循环线。在 Maya 中，选择两个或两个以上 NURBS 物体的曲线时，可以连续右击物体，在弹出的快捷菜单中选择"等参线"命令。

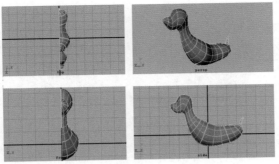

图 5-23

Step13 选择"曲面→分离"命令，将模型切分，如图 5-24 所示。选择 A 部分，按【Delete】键删除。

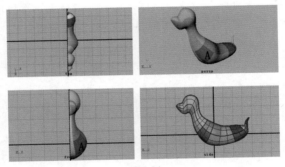

图 5-24

5.1.3　建立小狗的腿部位模型

下面制作小狗的腿部位模型。

Step01 选择"创建→ NURBS 基本体→球体"命令后面的方形图标，在打开的窗口中选择左上角的"编辑→重置设置"命令，恢复 Maya 默认参数值，单击"创建"按钮，建立一个 NURBS 球体，如图 5-25 所示。

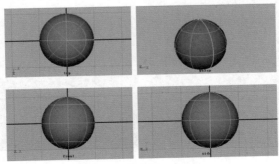

图 5-25

Step02 选择如图 5-26 所示的曲线。

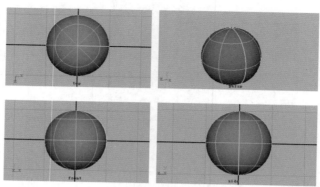

图 5-26

Step03 选择"曲面→分离"命令，将球体切分。选择上半部分球体，按【Delete】键将其删除。用缩放工具调整半球，如图 5-27 所示。

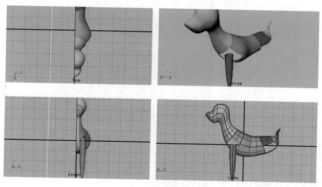

图 5-27

Step04 可以在通道盒中对场景中的元素进行管理。一般情况下，在建模时会将模型偏组，但这样有时很不方便。Maya 为用户提供了另外一种方式来管理场景。

可以利用层模式管理场景，选择"层→创建空层"命令，建立新层，如图 5-28 所示。

图 5-28

Step05 选择已经切分的小狗身体，右击 layer1 层，在弹出的快捷菜单中选择"添加选定对象"命令，将选中的物体放置到 layer1 层。双击 layer1 层，如图 5-29 所示，在弹出的窗口中不仅可以设置层的名称，还可以设置层的编辑方式，甚至 Maya 的程序员友好地为用户提供了设置不同颜色来区分不同的层。

图 5-29

Step06 此外，Maya 的程序员还为用户提供了层编辑方式的快捷操作，只需单击即可，如图 5-30 所示。

Step07 用前面制作小狗身体的方法制作腿部。在调整时，发现曲线初始设置太少了，不容易调整小狗的腿部模型。在 Maya 中可以很方便地添加或删除曲线。选择如图 5-31 所示的曲线，移动鼠标到需要添加曲线的地方，选择"曲面→插入等参线"命令，如图 5-32 所示，添加一条曲线。

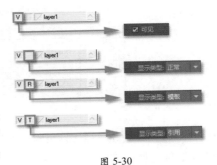

图 5-30

图 5-31　　　　　　　　　　　　　图 5-32

Step08 创建一个新层，将建立好的小狗前腿分配到该层中。用相同的方法制作后腿模型，同样将建立好的小狗后腿模型分配到刚建立的新层中。调整好的腿部模型如图 5-33 所示。

Step09 选择如图 5-34 所示的曲线，选择"曲面→分离"命令，将小狗的前后腿模型各切分成 4 部分，如图 5-35 所示。

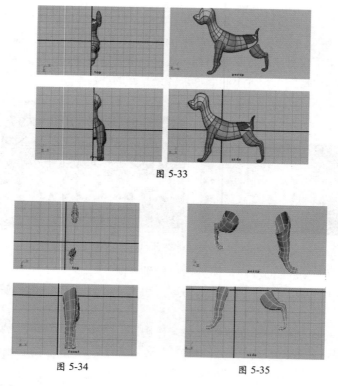

图 5-33

图 5-34   图 5-35

Step 10 按【Alt+H】组合键，可以隐藏不被选择的物体；按【Ctrl+H】组合键，可以隐藏选择的物体，如图 5-36 所示。

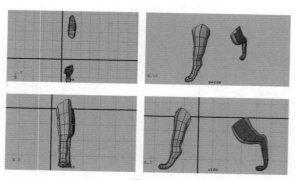

图 5-36

Ma↲ 5.2 缝合小狗的身体和腿

下面将小狗的身体和腿进行整体缝合。

Step 01 选择"曲面→缝合→缝合边工具"命令后面的方块图标，在打开的窗口中设置参数，如图5-37所示。

Step 02 选择"曲面→缝合→缝合边工具"命令后，鼠标变成了如图5-38所示的样子。

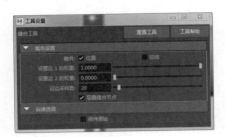

图 5-37

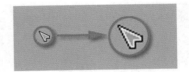

图 5-38

Step 03 选择小狗前腿模型的表面边界等位结构线，如图5-39所示。

Step 04 为了方便，将要连接的相对应的表面用颜色进行了区分。在使用缝合边工具进行表面缝合时，只要选择了两个相对应的表面，Maya会自动进行缝合，而不必单击某个按钮确认操作。缝合后的表面如图5-40所示。

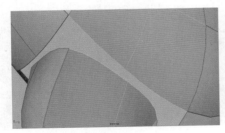

图 5-39

图 5-40

Step 05 用相同的方法缝合对应的表面，缝合后的效果如图5-41所示。

Step 06 在进行缝合后，发现有很多不完美的地方，一般情况下，调整模型重新缝合即可，还可以直接进行调整。调整后的模型缝合效果如图5-42所示。

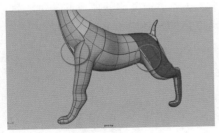

图 5-41

图 5-42

Step 07 对缝合后的模型进行进一步调整，消除不必要的硬边。如图5-43所示的位置有硬边，调整后的效果如图5-44所示。

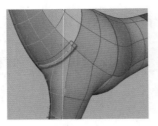

图 5-43

图 5-44

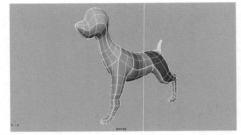

图 5-45

Step 08 选择如图 5-45 所示的模型，按【Ctrl+G】组合键，将所选模型成组。

Step 09 选择"编辑→特殊复制"命令，在弹出的窗口中设置参数，如图 5-46 所示。Maya 没有为用户提供像 3ds Max 一样的镜像方式，一般通过设置复制参数来实现模型镜像效果。单击"特殊复制"按钮，确认操作。模型效果如图 5-47 所示。

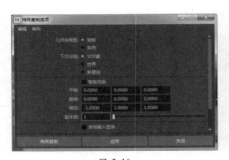

图 5-46

图 5-47

Step 10 框选模型，选择"编辑→按类型删除→历史"命令，删除历史记录。框选模型，选择"曲面→缝合→全局缝合"命令，在弹出的窗口中设置参数，如图 5-48 所示。

Step 11 单击"全局缝合"按钮，确认操作。选择小狗模型的任意部分进行移动操作，可以看到模型连接的缝隙就像橡胶一样可以拉伸，如图 5-49 所示。

图 5-48

图 5-49

Step12 使用任意方法为小狗添加耳朵和鼻子，在这里就不再赘述了，创建好的效果如图 5-50 所示。

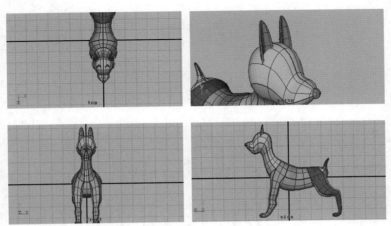

图 5-50

Step13 至此，就完成了小狗的模型制作。本例中学习了如何从一个 NURBS 球体建立复杂的小狗模型，进一步学习了有关 NURBS 物体的相关操作。其中主要介绍了构建 NURBS 角色模型时的缝合操作。

本例的学习重点是相关技术，所以没有为小狗构建复杂的面部，如果读者有兴趣，可以自己构建复杂的面部模型。

建模是由简至繁逐渐制作出模型的细节，如果出现操作非常缓慢的情况，解决方案是调整细分模型显示方式，在 Maya 系统中，共提供了 5 种模型显示方式，选择"显示→ NURBS"命令，在其子菜单中有"壳线""粗糙""中等""精细""自定义平滑度"5 个命令可供选择，可以选择"壳线"命令显示模型，从而减少数据量，提高性能。

5.3　练习题

本练习利用曲面制作鞋子模型，如图 5-51 所示。

练习要求与步骤：

（1）找一些相关参照图片。

（2）创建曲面，调整外形。

（3）配合曲面编辑工具进行制作。

（4）制作完成后保存结果。

图 5-51

第6章
多边形建模

　　本章学习另一种时下比较流行的常用的建模方法——多边形建模。本章将详细介绍命令菜单、添加分段命令、挤出命令、合并命令、平滑命令在建模中的应用等知识要点，并以实例形式的动手操练来巩固所学知识。

现在流行的建模方式有下列几种：NURBS、多边形、面片等。比较常用的是多边形建模方式。与其他几种建模方式相比，多边形建模方式拥有方便、形象、容易调整等优点，尤其是在模型建立的过程中，接缝问题在多边形建模中是不存在的。这使得多边形建模被大量使用在角色建模中。

本章将学习在 Maya 中建立多边形模型的方法。如图 6-1 所示的这些模型，都是由多边形建模方式所建立的。

图 6-1

多边形模型是符合工业标准的，它是由一组有序的顶点和顶点之间构成的 N 边形。一个多边形物体就是一组 N 边形的集合。多边形模型可以通过编辑简单的模型来由简至繁地建立复杂模型。多边形模型可以是闭合的，也可以是非闭合的。

另外，在 Maya 中建立的多边形模型也可以方便地转换成其他工业标准，如NURBS。

6.1 多边形建模命令菜单详解

通过上面的介绍，读者已经对多边形工业标准有了初步认识，在 Maya 中实现多边形工业标准主要通过多边形模块。

在 Maya 中，系统内置了 7 种基本多边形物体，如图 6-2 所示。这 7 种物体只能实现一些简单建模需求，在多边形模块中还提供了相对专业的工具用于对多边形模型进行高级操作，如图 6-3 所示。

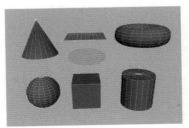

图 6-2

图 6-3

图 6-4

多边形的建模工具如图 6-4 所示。

在建模中比较常用的命令有"编辑网格→添加分段""编辑网格→挤出""网格→平滑""编辑网格→合并"命令等，通过这些命令菜单可以实现大多数的操作，结合各种融合操作和导角设置，就可以设置出千变万化的模型。

通过"编辑网格→添加分段"命令，可以在需要的地方添加细节，如图 6-5 所示，左边的物体就是运用了该命令添加了细节。

通过"编辑网格→挤出"命令，可以用挤压方式创造出复杂的模型，如图 6-6 所示，右边的物体就是通过挤压一个简单的立方体实现的。

图 6-5

图 6-6

通过"网格→平滑"命令，可以圆滑多边形模型，如图 6-7 所示，设置不同的圆滑程度后，使一个立方体变成球形物体。

知识点拨

　　按【3】键可在视图中观看物体的光滑效果，按【1】键可取消显示光滑效果。但在最终渲染时，观看光滑不会显示。

通过组合运用这 3 个命令可以实现更为复杂的模型，如图 6-8 所示。

图 6-7

图 6-8

在进行平滑操作时，可以选择所需要的面进行平滑操作，选择如图 6-9 所示的面，然后选择"网格→平滑"命令对其平滑，效果如图 6-10 所示。这是"平滑"命令比较特殊的一面，希望大家在实际应用时多加注意。

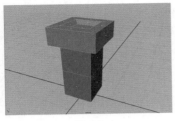

图 6-9

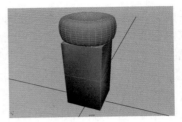

图 6-10

建立一个立方体，将细分程度细分高一些，如图 6-11 所示。选取如图 6-12 所示的点，选择"编辑网格→合并"命令，在弹出的窗口中设置参数，如图 6-13 所示，单击"应用"按钮，合并效果如图 6-14 所示。

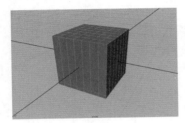

图 6-11

图 6-12

图 6-13

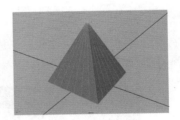

图 6-14

知识点拨

在多边形建模时经常要进行融合操作，在融合点时要注意"阈值"的设置，如果将该值设置为 0，那么永远都不可能进行融合操作。

前面介绍了一些最常用的多边形物体编辑命令，在下面的学习中，将经常使用到这些命令。在讲解这些命令时，本书使用了简单的方法，大家要注意这些命令的模块和操作，如合并命令，它不仅仅能合并点，也能合并边。

6.2 大象建模

在本例中先建立了一个多边形物体，再利用多边形物体进行一系列的编辑操作完成大象模型的粗略形状，然后通过转换完成细分模型的建立，如图 6-15 所示。在本例中我们为了控制数据量，所以采用了多边形转细分的方式来实现。

在我们认识了 Maya 的多边形建模技术后，来一点具有挑战的建模工作，我们要建立一头大象。

我们将利用大象的俯视图和侧视图作为参考来制作模型。

首先用多边形制作大象轮廓，然后用逐渐细分的方法构建大象的细节，大象的参考图如图 6-16 和图 6-17 所示。

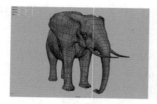
图 6-15

图 6-16

图 6-17

6.3 建模前的准备工作

制作参考图场景，以便建模时能够随时作为参考，其操作步骤如下。

Step 01 在"曲线/曲面"工具架中单击 ◆ 按钮，建立一个方形面片，如图 6-18 所示。

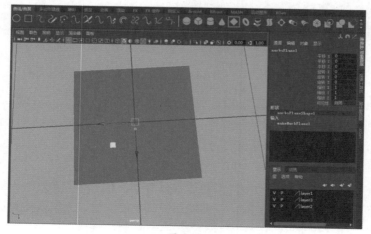
图 6-18

Step02 按【Ctrl+D】组合键对方形面片进行复制，在通道盒中将方形面片旋转90°，如图 6-19 所示。

Step03 将两个面片摆成如图 6-20 所示的样子，右击竖向的面片，在弹出的快捷菜单中选择"指定新材质"命令，给面片添加材质，如图 6-21 所示。

图 6-19

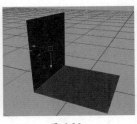

图 6-20

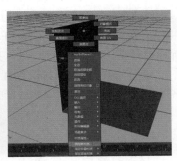

图 6-21

Step04 选择材质类型为"标准曲面"，如图 6-22 所示，单击属性编辑器中颜色属性后面的贴图按钮，给材质附贴图，如图 6-23 所示。

图 6-22

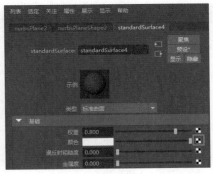

图 6-23

Step05 在打开的贴图栏中单击按钮，选择"大象侧面 .png"贴图。用同样的方法给另一个方形面片用"大象背面 .png"贴图附材质。按【6】键，在视图中显示贴图效果，如图 6-24 所示。在通道盒中框选所有参数，右击，在弹出的快捷菜单中选择"锁定选定项"命令，将这两个面片冻结，如图 6-25 所示。

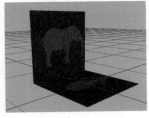

图 6-24

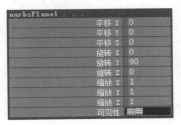

图 6-25

Ma 6.4 建立大象身体模型

制作大象的身体，其操作步骤如下。

Step 01 在"曲线／曲面"工具架中单击◆按钮，建立一个方形面片。单击⬡图标，建立一个立方体多边形。按【F9】键，进入点编辑模式，将立方体修改成如图 6-26 所示的样子。

Step 02 在透视图中选取如图 6-27 所示的面，然后选择"编辑网格→挤出"命令，挤压出大象身体的后半部分，如图 6-28 所示。

图 6-26

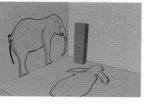
图 6-27

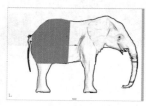
图 6-28

Step 03 在透视图中选取如图 6-29 所示的面，选择"编辑网格→挤出"命令，将其向外挤压，如图 6-30 所示。

图 6-29

图 6-30

Step 04 在透视图中选取如图 6-31 所示的面，然后选择"编辑网格→挤出"命令，挤压出大象尾巴，如图 6-32 所示。

图 6-31

图 6-32

Step 05 制作出模型的一半，然后通过镜像复制制作出另一半。选取如图 6-33 所示的面，按【Delete】键将其删除。

Step 06 选取如图 6-34 所示的面，然后选择"编辑网格→挤出"命令，挤压出大象的前半部，如图 6-35 所示。

Step 07 选择"编辑网格→添加分段"命令，添加一条细分曲线，如图 6-36 所示。

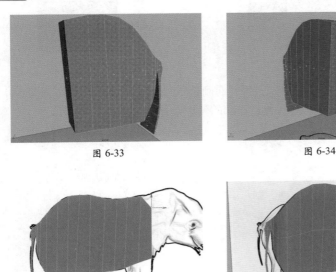

图 6-33　　　　　　　　　　　　　　图 6-34

图 6-35　　　　　　　　　　　　　　图 6-36

Step 08 进入点编辑模式，参考俯视图中的大象参考图调整节点，如图 6-37 所示。

Step 09 选取如图 6-38 所示的面，然后选择"编辑网格→挤出"命令，挤压出大象的后腿。

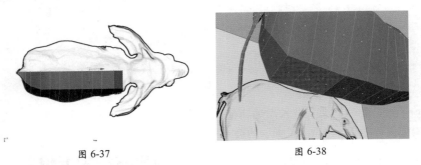

图 6-37　　　　　　　　　　　　　　图 6-38

Step 10 如图 6-39 所示，当用缩放手柄进行挤压面调整时发生了错误，这是因为没有启用"保持面的连接性"选项。"保持面的连接性"选项用于控制处理相邻面的边的方式。如果启用"保持面的连接性"，则面将会展开，使其边将保持连接。禁用"保持面的连接性"而启用"分离复制的面"时，复制的面将断开连接，且每个面都将成为单独的网格，如图 6-40 所示。

图 6-39

图 6-40

Step 11 启用"保持面的连接性"选项，重新挤压调整大象的腿部轮廓，如图 6-41 所示。

Step 12 通过点编辑模式调整大象腿部的轮廓节点，如图 6-42 所示。

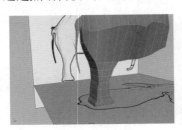

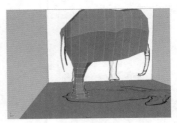

图 6-41

图 6-42

Step 13 在制作大象腿部时需要单独制作，否则在进行镜像操作时大象将会出现错误。选取如图 6-43 所示的面，按【Delete】键将其删除。

Step 14 选取如图 6-44 所示的面，然后选择"编辑网格→复制"命令，复制所选的面，用移动工具将其移动到如图 6-45 所示的位置。

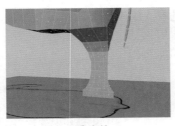

图 6-43

图 6-44

Step 15 按【F9】键，进入点编辑模式，将所有重叠点融合。按【F10】键，进入线编辑模式，选取如图 6-46 所示的边。

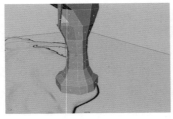

图 6-45

图 6-46

Step 16 选择"编辑网格→挤出"命令，复制出一些新边，如图 6-47 所示。

Step 17 下面将利用这些边将腿部出现的空洞修补起来。选取如图 6-48 所示的点，然后选择"编辑网格→合并"命令，将点融合，如图 6-49 所示。

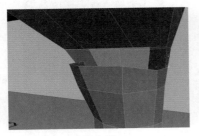

图 6-47

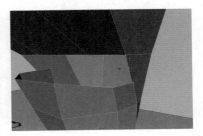

图 6-48

Step 18 利用相同的方法将其他相对应的点融合，在进行融合操作时，由于分段数不同，空出来的两个点无法进行对应融合。选择"编辑网格→添加分段"命令，画出两条线，如图 6-50 所示。

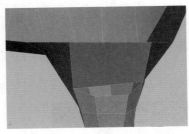

图 6-49

图 6-50

Step 19 这样就制作完成了大象的右后腿，如图 6-51 所示。

Step 20 制作前腿。选取如图 6-52 所示的面，挤压出前腿，如图 6-53 所示。

图 6-51

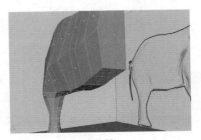

图 6-52

知识点拨

可以通过点编辑模式对前腿模型进行调整，让它看起来不要与后腿一样即可。因为世界上的大象的前后腿没有一样的。

Step 21 利用制作后腿的方法制作前腿，如图 6-54 所示。

图 6-53 图 6-54

Ma. 6.5 建立大象头部模型

在制作大象头部模型时要添加很多细分曲线，用于表现面部特征。在制作时本节给大家提供了相关图例作为参考，在具体的制作过程中简化了步骤，在学习时希望大家注意。

Step 01 选取如图 6-55 所示的面，选择"编辑网格→挤出"命令，挤压出大象头部的粗略造型，如图 6-55 所示。

Step 02 利用相同的方法挤压出鼻子造型，如图 6-56 所示。在挤压鼻子时可以利用参考图像，因为大象的鼻子上褶皱比较多，因此要为大象的鼻子多增加一些细节。

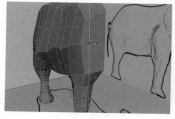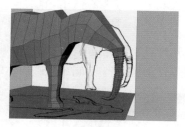

图 6-55 图 6-56

Step 03 制作脸部细节。选取如图 6-57 所示的面，选择"编辑网格→挤出"命令，挤压出大象的耳朵，如图 6-58 所示。

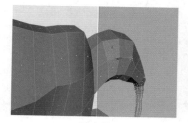

图 6-57 图 6-58

Step 04 逐渐细分、调整耳朵，使其成为如图 6-59 和图 6-60 所示的样子。

图 6-59

图 6-60

Step 05 在进行脸部细分时，可以参考如图 6-61 所示的 UV 走向，为其添加细分曲线，调整出大象的脸部，如图 6-62 所示。

图 6-61

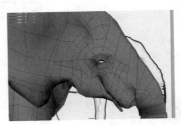

图 6-62

知识点拨

　　大家在调整模型时要注意眼睛、鼻子、面颊部分的细分调整。在制作大象的耳朵和面部时可能会比较烦琐，因为要调整的点比较多。在这里不能局限大家去具体调整哪一个点，因为读者建立的模型的 UV 曲线和笔者制作的不可能完全一样。在遇到困难时不要灰心，要坚定信心，每一个模型的建立都是辛勤汗水和毅力换来的，当然还要有平时积累的经验。

Step 06 用同样的方法为大象的腿部等部位添加细节，这里不再赘述。调整好的大象模型如图 6-63 和图 6-64 所示。

图 6-63

图 6-64

Step 07 一般情况下，都会使用基本的几何物体逐步细化构建复杂的模型，如图 6-65 所示为由一个方盒一步步制作出的大象模型。

Step08 选择大象模型，选择"网格→镜像"命令，在弹出的窗口中设置参数，如图 6-66 所示，然后单击"应用"按钮。

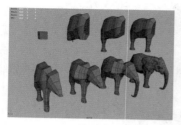

图 6-65

图 6-66

Step09 选择"修改→转化→多边形到细分曲面"命令，在弹出的窗口中设置参数，如图 6-67 所示，将建立的多边形转换为细分模型，如图 6-68 所示。

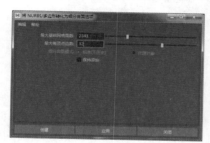

图 6-67

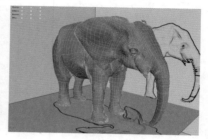

图 6-68

Step10 制作象牙。选择"创建→多边形基本体→立方体"命令，建立一个立方体多边形。右击立方体多边形，在弹出的快捷菜单中选择边编辑模式。通过移动、旋转和缩放工具逐步调整出象牙的形状。按【Ctrl+D】组合键复制象牙，将象牙放置到它相应的位置，如图 6-69 所示。

Step11 选择"创建→多边形基本体→球体"命令，建立一个球体。按【Ctrl+D】组合键复制球体，将两个细分球体摆放到眼睛的位置，并调整大小比例，如图 6-70 所示。

Step12 经过上述操作后，模型效果如图 6-71 所示。

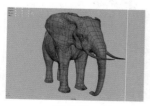

图 6-69

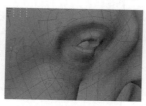

图 6-70

图 6-71

6.6 雕刻多边形

在 Maya 中，可以雕刻虚拟 3D 曲面，就像在黏土或其他建模材质上雕刻真正的 3D 对象一样。建议使用图形绘图板，以充分利用 Maya 的雕刻功能。使用标准三键鼠标也能够进行雕刻。

可以使用"雕刻"工具架中的工具雕刻多边形模型，如图 6-72 所示。也可以从"网格工具→雕刻工具"菜单中访问这些工具。

图 6-72

如果没有要雕刻的网格体，在"内容浏览器"中打开"雕刻基础网格"（单击"雕刻"工具架上的 图标），如图 6-73 所示。

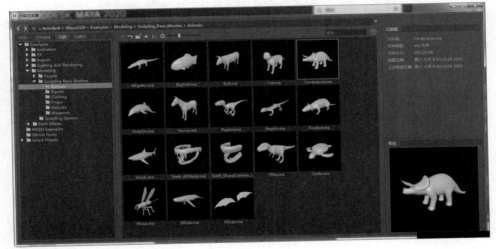

图 6-73

从文件夹中选择网格体，并将网格体拖动到场景中即可，如图 6-74 所示。

【动手练】 使用雕刻工具

按【3】键打开 3 倍光滑模式，由于多边形网格体需要更多的面支持细节，选择"网格→平滑"命令后面的方块图标，设置平滑指数为 3，如图 6-75 所示。

使用雕刻工具的操作步骤如下。

扫码看视频

图 6-74

图 6-75

Step 01 单击工具架中的雕塑工具，对场景模型进行雕刻，每个工具都有自己的特点（拉伸、凹陷、凸起等），双击雕塑工具会弹出相应的设置窗口，其中有一些共同的参数，如图 6-76 所示。

图 6-76

Step 02 笔刷"大小"的快捷键是按【B】键的同时左右拖动鼠标中键，可控制雕刻的范围；"强度"的快捷键是按【M】键的同时上下拖动鼠标，可控制针对模型的雕刻力度，如图 6-77 所示。

图 6-77

表 6-1 所示为雕刻工具的功能索引。

表 6-1　雕刻工具的功能索引

工 具 名 称	图　标	用　　途
雕刻		建立初始形状，并按工具光标边界内所有法线的平均值确定的方向移动顶点
平滑		通过平均化顶点的位置，将相对彼此的顶点位置拉平
松弛		平均化曲面上的顶点，而不影响其原始形状
抓取		选择顶点并基于拖动的距离和方向移动顶点
收缩		向工具光标的中心拉近顶点，对于更明晰地定义现有折痕非常有用
展平		通过向共同平面移动顶点，将受影响的顶点拉平，对于设计和细节设计非常有用
泡沫		与"雕刻"工具类似，但具有更柔和的感觉，对于设计初始形状很有用，不适用于细节工作
喷射		沿笔画随机在图像上盖章，主要用于细化曲面
重复		在曲面上创建图案。例如，飞机机翼上的铆钉、拉链效果、布料上的缝线等
盖印		将图章图像按到曲面中。在网格位置上拖动并缩放图章
上蜡		在模型上构建区域，向模型曲面添加材质或从中移除材质
擦除		最小化突出特征。快速计算平面（基于首先放置光标的顶点位置），然后展平平面上方的任何顶点
填充		通过计算平面（基于工具光标内顶点的平均值），然后将平面下的顶点拉向该平面，填充模型曲面上的型腔
修剪		切割曲面中的精细笔画
涂抹		按与曲面上笔画方向的原始位置相切的方向移动顶点
凸起		通过沿其自己的法线移动每个受影响的顶点以创建凸起效果，置换工具下方的区域
放大		与"展平"工具的作用相反
冻结		锁定受影响的顶点，以便雕刻时无法修改它们
转化为冻结		将冻结应用于组件选择
形变编辑器		打开形变编辑器以使用雕刻工具编辑变形目标

　　通过本章的学习，读者已经对多边形建模的方法和操作都有了一定的了解。首先通过编辑一个立方体建立模型，过程相对枯燥。不仅仅是多边形建模枯燥，所有的建模过程都比较平淡，只有制作了灯光和材质后，所建立的模型的生命力才完全得到了释放。大家在学习建模时，耐心和细心是不可或缺的，坚持下去就一定能成功。

6.7 练习题

制作电脑模型。

本练习将帮助读者加深建模学习，如图 6-78 所示。

图 6-78

练习要求与步骤：

（1）找一些相关参照图片。

（2）创建多边形并调整外形。

（3）配合建模工具调整外形。

（4）制作完成并保存结果。

第7章
Maya 材质、灯光和渲染

本章将介绍三维软件对材质的技术要求，重点介绍 Maya 材质的基本知识，使读者对 Maya 材质的特性有初步的认识。本章将详细介绍 Maya 的材质特性、材质纹理、光线的处理、材质节点、材质纹理贴图、纹理 UV 布置、反射、灯光、渲染等基础知识要点。

7.1 Maya 的材质特性

在真实世界中，物体有 3 种自然状态：固体、液体和气体，每种状态都有自身的属性和显示。但物体也有共有的属性，如颜色、光泽、凹凸和透明度等。

图 7-1

7.1.1 材质的物理特性

在真实生活中，灯光照射在物体表面上会产生很复杂的情况。表面的不完整性会扭曲光线反射的角度，导致光线分散，也可以导致部分光线丢失或被吸收。这类被漫反射的光线看上去柔和平滑，称为散射光线。粗糙的表面显得很柔和，因为其可以散射光线。

非常平滑的表面只有少量的不完整性甚至没有，因此不会吸收光线，并且被反射的光线更连贯，也可以说更集中。抛光的表面看上去闪闪发光，因为它们能反射光线，产生强烈的高亮效果。这种光线照射到眼中时，可以看到明亮的镜面光，如图 7-1 所示。

在真实世界里，材质对灯光做出反应，表现为吸收或者反射光线，如图 7-2 所示。使用 Maya 中的散射和镜面属性，可以模拟出这些真实世界的现象，模拟出对灯光的自然反应，如图 7-3 所示。

图 7-2

图 7-3

7.1.2 材质的基本属性

材质的基本属性有以下几个。

周围环境色彩（Ambient Color）：该属性建立出平滑照明的效果，不需要光源。

散射（Diffuse）：散射决定因表面不完整而产生的被吸收和向各个方向散射的光线的数量。粗糙表面趋向于具有较高的散射值，而光滑或镜面表面的散射值则接近于 0。

色彩（Color）：色彩由红、绿、蓝 3 种属性组成，光线和反射光的色彩将会影响表面的基本颜色。

透明度（Transparency）：白色表示透明，黑色表示不透明，其他数值则表示半透明，也可以使用一个纹理贴图，在表面建立出孔洞效果。

白热（Incandescence）：白热属性能让表面看起来在发光。它实际上不是在发光，对其他表面也没有任何影响。

辉光（Glow）：该属性存在于材质节点的特效部分，能被用来给表面加上空气干扰的视觉效果。

镜面高亮：镜面阴影属性决定了在连续角度上被反射的光线的数量，反射光线会产生一片强烈的明亮区域，称为镜面高亮。完美的光滑表面具有非常明亮的高亮点，因为没有表面不完整区扭曲反射角度。粗糙的表面，如疙疙瘩瘩的金属，则有柔和的高亮区。

联合特效：在真实生活中，所有被反射光线的镜面反射和散射部分的组成比例是不断变化的，取决于表面特性。

凹凸（Bump Mapping）：该属性可以为表面添加浮雕，用纹理贴图改变表面法线的方向。

反射率（Reflectivity）：该属性控制表面反射其周围环境的数量。这里，环境可以是一个三维纹理贴图，连接到场景中物体的材质反射色彩属性或者实际光线追踪反射属性上。

反射色彩（Reflected Color）：该属性可以贴图为纹理，定义出被反射的环境，不依赖于光线追踪反射属性。这些纹理贴图位于整个空间中，可以指定给不同的材质，确保场景中反射的连续性。

动手练　**给物体建立一个材质**

下面学习如何为物体赋予材质，其操作步骤如下。

Step01 选择一个物体，右击，在弹出的快捷菜单中选择"指定新材质"

扫码看视频

命令，如图 7-4 所示，在弹出的窗口中选择一种材质类型，如图 7-5 所示。

Step02 在属性编辑器中设定材质参数，如图 7-6 所示。

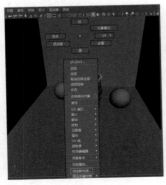

图 7-4

图 7-5

图 7-6

动手练 在 Hypershade 浏览器中新建材质

Hypershade 浏览器中的选项卡包含构成当前场景的渲染组件，如材质、纹理、灯光和摄影机等。下面学习如何在 Hypershade 浏览器中建立并指定材质给物体，其操作步骤如下。

Step 01 选择"窗口→渲染编辑器→ Hypershade"命令，打开 Hypershade 浏览器。

Step 02 选择"创建→材质"命令，选择需要的材质类型，即可创建出材质，在右边的材质参数中设置参数，如图 7-7 所示。

Step 03 选择场景中的物体，在 Hypershade 浏览器中右击，在弹出的快捷菜单中选择"将材质指定给视口选择"命令，将该材质赋予被选择物体，如图 7-8 所示。

图 7-7

图 7-8

7.2 Maya 的材质类型

不同的材质可以提供不同的阴影特性，Maya 提供了 20 种材质，由于篇幅所限，本节仅介绍几种典型类型。

7.2.1 标准曲面材质

标准曲面材质是一种可制作多种材质效果的材质类型。在 Maya 中，很多效果（如玻璃、金属、塑料等）都能通过调节各个材质类型的参数来实现，并不是每个材质类型独有的特色。标准曲面材质类型易于使用，因为它只有少量最有用的参数，且易于操作人员进行调节，如图 7-9 所示。

该材质有车漆、磨砂玻璃和塑料等预设可用。单击标准曲面的"属性编辑器"上的"预设"按钮，可选择和应用预设，如图 7-10 所示。

图 7-9

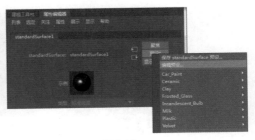

图 7-10

图 7-11 所示为车漆和绒布的预设效果。该材质的参数如图 7-12 所示，这里仅介绍几种常用的参数。

图 7-11

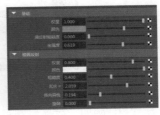

图 7-12

颜色：设置物体表面的颜色。当使用贴图时，颜色选项失效。

金属度：该值越高，金属反射效果越强，图 7-13 所示是值为 0.5 和 1 的效果对比。

图 7-13

粗糙度：该值越高，金属反射效果越模糊，图 7-14 所示是值为 0.1 和 0.5 的效果对比。

图 7-14

透射权重：该值越高越透明，图 7-15 所示是值为 0 和 1 的效果对比。

图 7-15

发射权重：该值越高，亮度越强，图 7-16 所示是值为 0.5 和 1 的效果对比。

图 7-16

涂层权重：添加一层反射到材质表面，该值越高反射越强，图 7-17 所示是值为 0.5 和 1 的效果对比。

图 7-17

7.2.2 Blinn 和 Phong 材质

Blinn 材质阴影类型是 Maya 中比较古老的材质阴影类型之一，参数简单，主要用来模拟高光比较硬朗的塑料制品。它和 Phong 材质的基本参数都相同，效果也十分接近，只是在背光的高光形状上略有不同。Blinn 为形状比较圆的高光，而

图 7-18

Phong 为棱形，所以一般用 Blinn 表现反光比较剧烈的材质；用 Phong 表现反光比较柔和的材质，但是区别不是很大，读者应酌情处理。一般说来，Phong 表现凹凸、反射、反光、不透明等效果的计算比较精确。Blinn 材质的建立菜单如图 7-18 所示。

偏心率：控制曲面上发亮高光区的大小，相当于反射模糊的效果，图 7-19 所示是值为 0 和 1 的效果对比。

图 7-19

镜面反射衰减：使曲面可以反射其周围事物（环境、其他曲面）或反射的颜色，也就是反射影像的强度，图 7-20 所示是值为 0.2 和 1 的效果对比。

图 7-20

折射：穿过透明或半透明对象跟踪的光线将折射，或根据材质的折射率弯曲。

折射率：设置物体折射的情况，不同物质的折射率是不同的，空气为 1，一般的玻璃为 1.6 左右，钻石为 2.419。其实，折射率只有在通过不同的介质时才表现得比较明显，在制作过程中有时只是用不同的方法来模拟，并不一定真的按照真实的折射率来制作场景，只要表现出折射关系即可。图 7-21 所示为不同的折射率的表现，分别为 0.8、1.55、2.5。

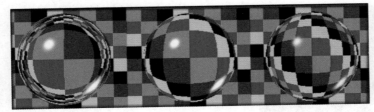

图 7-21

▌7.2.3 Lambert 材质和各向异性材质

Lambert 是一种没有镜面反射高光的材质类型，若要制作粉笔、发光的屏幕或粗糙曲面等材质效果，采用这种类型比较适合。各向异性材质可以制作如 CD、羽毛或者天鹅绒或缎子之类的织物的高光效果，如图 7-22 所示。各材质高光的对比如图 7-23 所示。

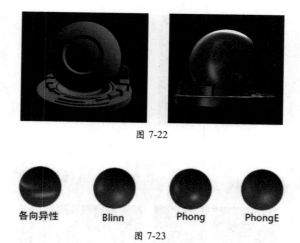

图 7-22

各向异性　　　　Blinn　　　　Phong　　　　PhongE

图 7-23

Ma 7.3 Maya 的纹理贴图

纹理是指材质表面的纹路。Maya 的纹理分为 2D、3D 和环境纹理，2D 就是平面的纹理，如平面贴图文件、棋盘格等；3D 纹理如大理石、岩石或木材等，是通过系统参数计算出来的；环境纹理一般用作场景的背景，包括环境天空、环境球和环境立方体等，如图 7-24 所示。

纹理贴图的用法是单击材质属性编辑器参数右侧的■按钮，选择需要的纹理类型即可，如图 7-25 所示。

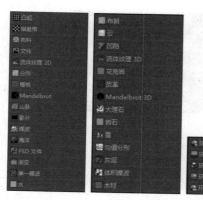

图 7-24

图 7-25

Ma 7.4　Maya 的材质制作

　　下面通过制作几个比较典型的金属、玻璃材质，充分讲解 Maya 的材质制作方法，还将学习如何进行贴图和设置 UV 贴图方向。

动手练　金属材质的制作

　　使用标准曲面类型制作金属材质，其操作步骤如下。

Step01 打开本书场景文件"小猫 .mb"。单击 Arnold 工具架中的半球天光按钮 ⬛，给场景添加一个环境光，如图 7-26 所示。

Step02 单击 Color 后面的贴图按钮 ⬛，设置贴图为"文件"，选择一个 HDR 文件作为半球天光的贴图，如图 7-27 所示。

图 7-26

图 7-27

　　Step03 给物体赋予材质。选择地面，右击，在弹出的快捷菜单中选择"指定新材质"命令，在弹出的对话框中选择 Lambert 材质类型，如图 7-28 所示。单击"颜色"后面的贴图按钮 ⬛，设置贴图为"棋盘格"，如图 7-29 所示。

图 7-28

图 7-29

　　Step04 在贴图坐标区域设置"UV 向重复"为 200、200，地面棋盘格效果如图 7-30 所示。

　　Step05 给猫赋予材质。选择猫，右击，在弹出的快捷菜单中选择"指定新材质"命令，在弹出的对话框中选择"标准曲面"材质类型，将"镜面反射"选项组中的"粗糙度"设置为 0，以创建铬合金材质，如图 7-31 所示。单击 ⬛ 按钮，渲染效果如图 7-32

所示，可以在渲染窗口选择 Arnold Renderer 阿诺德渲染器进行渲染。

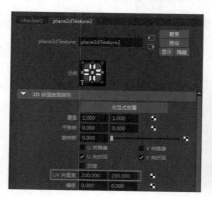

图 7-30

图 7-31

图 7-32

知识点拔

"粗糙度"值越小，反射越清晰，值为 0 时会产生极为清晰的镜面反射。

Step 06 将"权重"值设置为 0.8，以捕捉来自直接光源的镜面反射。该值越大，生成的反射高光越亮，此时的渲染效果如图 7-33 所示。将"金属度"设置为 1，提高金属光泽，如图 7-34 所示。

图 7-33

图 7-34

Step 07 设置"基础"选项组中的"颜色"值，对金属进行染色（这里设置为蓝色），如图 7-35 所示。可以通过设置"镜面反射"选项组中的"粗糙度"的值来创建无光泽面（这里设置为 0.5），如图 7-36 所示。

图 7-35

图 7-36

Step 08 设置"涂层"下的"权重"值为 0.3，将反射透明涂层添加到金属（相当于在表面产生了一层反射薄膜，也可以单独对该薄膜进行模糊参数的调整），如图 7-37 所示。

图 7-37

（动手练）**玻璃材质的制作**

下面将猫的金属材质重新设置为玻璃材质，这次使用标准曲面类型制作玻璃材质，其操作步骤如下。

扫码看视频

Step 01 选择猫，右击，在弹出的快捷菜单中选择"指定新材质"命令，在弹出的对话框中选择"标准曲面"材质类型。在标准曲面的"属性编辑器"中，将"镜面反射"下的"粗糙度"设置为 0。减小该值，则镜面反射会看起来更光亮，渲染速度也会更快，如图 7-38 所示。

图 7-38

Step 02 若要使玻璃透明，将"透射"下的"权重"设置为 0.95，这样灯光可以穿过表面进行散射，非常适用于玻璃和水。该值越高，透明度越强，如图 7-39 所示。

图 7-39

Step 03 设置"基础"下的"权重"的值为 0.05，使"基础→权重"和"透射→权重"值之和等于 1，因为"透射→权重"已设置为 0.95。此时玻璃的效果如图 7-40 所示。设置"镜面反射"下的"权重"为 1，权重越高，镜面反射高光越亮，如图 7-41 所示。

图 7-40

图 7-41

知识点拔

默认情况下，标准曲面着色器能量守恒：其所有层是平衡的，因此传出曲面的灯光量不会超过传入的灯光量。通过将层权重设置为 1，可确保材质能量守恒，且材质在不同照明中将按预期做出反应。

Step 04 若要使玻璃变得有颜色，调整"透射"下的"颜色"值，对玻璃进行染色。若要创建磨砂玻璃，增加"镜面反射"下的"粗糙度"值即可，"粗糙度"值为 0 时，会产生极为清晰的镜面反射，如图 7-42 所示，较高的值会产生更接近于漫反射的反射。本例将该值设置为 0.5，如图 7-43 所示。

图 7-42

图 7-43

利用标准曲面材质在 Maya 中可以制作绝大多数的材质效果，由于篇幅所限，就不再对 Blinn 和 Phong 等参数多做介绍了。

动手练 贴图的 UV 处理

扫码看视频

材质表面的贴图一直是 3D 表面效果的主要来源，贴图既可以是系统自己生成的，也可以是自己在 Photoshop 中制作的。下面学习如何将贴图准确地赋予物体表面，其操作步骤如下。

Step01 打开一个练习场景"贴图 UV.mb"，在该场景中，要对场景中的服装准确地赋予贴图，如图 7-44 所示。

Step02 选择服装模型，选择"UV → UV 编辑器"命令，打开 UV 编辑器窗口。此时 UV 是比较乱的，下面进行 UV 展开，如图 7-45 所示。

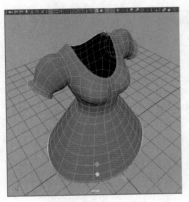

图 7-44

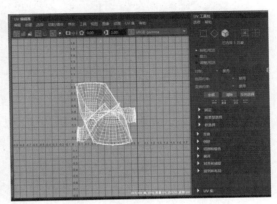

图 7-45

Step03 选择服装模型，在弹出的快捷菜单中选择"边"命令，双击裙子腰线部位，圈选裙子的腰部线。在 UV 编辑器窗口中按住【Shift】键的同时右击，在弹出的快捷菜单中选择"剪切"命令，如图 7-46 所示。将裙子腰线部位的 UV 线剪切（此时被剪切的 UV 线呈白色），如图 7-47 所示。

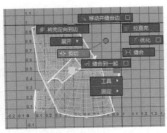

图 7-46

图 7-47

Step 04 继续给裙子需要剪切 UV 的地方进行剪切，如图 7-48 所示。白色部分为裁切线，如图 7-49 所示。

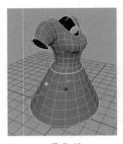

图 7-48   图 7-49

Step 05 在 UV 编辑器里框选所有的 UV，按住【Shift】键并右击，在弹出的快捷菜单中选择"展开→展开 UV"命令，将裁剪好的 UV 展开，如图 7-50 所示。

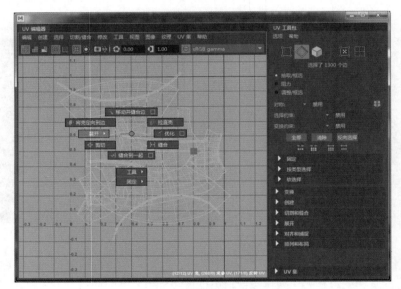

图 7-50

Step 06 此时 UV 都重叠在一起了，在 UV 编辑器右侧单击"排布"按钮，将裁剪好的 UV 片重新排布，如图 7-51 所示。

在 UV 编辑器中，UV 分片一定要安排在 1X1 的范围内，否则将超出贴图范围。

Step 07 在 UV 编辑器中右击，在弹出的快捷菜单中选择"UV 壳"命令，可以移动、选择和缩放 UV，将 UV 移动到远离贴图边缘的位置。由于绘制贴图时不是 100% 准确的像素，当选择一片 UV 时，模型在视图中相应的位置也将变成红色，这样就可以对照着进行观察，如图 7-52 所示。

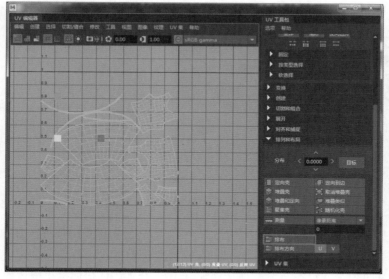

图 7-51

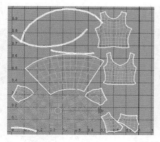 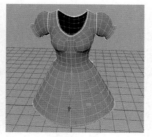

图 7-52

Step08 可以将不需要图案的 UV 片缩小为一个点并叠放在一起（选择多个 UV 片，设置"比例"为 0，单击■按钮），如图 7-53 所示。将需要绘制图案的 UV 片放到主要区域，如图 7-54 所示。

 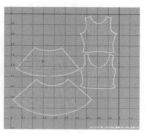

图 7-53　　　　　　　　　　图 7-54

Step 09 现在输出 UV，框选所有 UV 片，单击快照按钮，在弹出的窗口中将 UV 贴图保存为 PNG 格式，如图 7-55 所示。在 Photoshop 中按照 UV 网格的位置进行图案绘制，如图 7-56 所示。

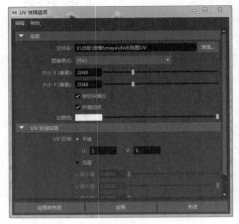

图 7-55

图 7-56

Step 10 回到 Maya 中，选择衣服模型，右击，在弹出的快捷菜单中选择"指定新材质"命令，在弹出的对话框中选择 Lambert 材质类型。单击"颜色"后面的贴图按钮，设置贴图为"文件"，打开刚才制作的 UV 贴图，如图 7-57 所示。

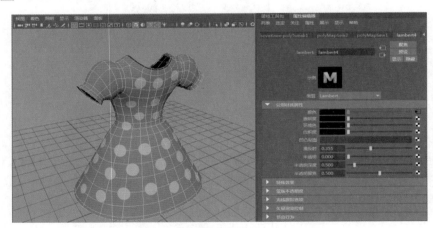

图 7-57

图 7-58

Step 11 单击按钮，渲染效果如图 7-58 所示。利用这个方法可以对模型进行准确贴图。

7.5 Maya 的节点编辑

在 Maya 中，节点是一种特有的材质编辑方式，通过输入点和输出点的连线，可以很直观地对材质的属性进行编辑。节点编辑只是 Maya 制作材质的另外一种方法，在材质的属性编辑器中同样可以进行相同的工作。在本书中，仅对这种节点编辑方法做一个简要说明。

在 Hypershade 窗口里，可以方便地连接节点，并查看所连接的属性；也可以双击任何一个节点，打开属性编辑器进行参数设置。

例如，右击，在弹出的快捷菜单中选择"创建→材质→ Blinn"命令，建立一个材质，此时节点编辑器中出现了这个材质节点，如图 7-59 所示。

材质球

节点视图

节点

图 7-59

可以看到节点上已经列出了该材质所有的材质属性，这和属性编辑器中的材质参数一一对应。单击视图左边 2D 纹理中的"棋盘格"贴图，该节点显示在节点视图中，如图 7-60 所示。将"棋盘格"贴图的"输出颜色"节点连接到"颜色"属性中，这样就完成了一次节点编辑，如图 7-61 所示。

连接完成后，材质查看器上就出现了棋盘格的贴图效果，如图 7-62 所示。Maya 材

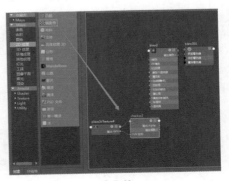

图 7-60

质的所有属性和各种贴图都是一个节点，打开 Hypershade 窗口来查看节点和节点网络就像在显微镜下看物体，在该窗口中可以看到节点与节点之间的连接情况，以及节点之间何种属性被连接，这里不再赘述。

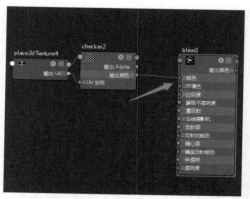

图 7-61

图 7-62

7.6 Arnold 渲染器

Arnold 是一款著名的渲染器，以前是外挂渲染器，需要额外购买安装，目前已经成为 Maya 内置的主要渲染器之一。Arnold 主要用于渲染一些特殊的效果，如次表面散射、光迹追踪、散焦、全局照明等。Arnold 的特点在于快速设置而不是快速渲染，所以要合理地调节其参数。Arnold 渲染器的控制参数并不复杂，完全内嵌在属性编辑器和渲染设置中，这与 VRay、finalRender、Brazil 等渲染器很相似。

7.6.1 Arnold 渲染器设置

如果找不到 Arnold 渲染器，需要选择"窗口→设置/首选项→插件管理器"命令，勾选 mtoa.mll 后面的"已加载"和"自动加载"复选框，如图 7-63 所示，重启软件即可在主菜单中看到 Arnold 渲染器的菜单，如图 7-64 所示。

图 7-63

图 7-64

Arnold 渲染器主要由材质、灯光和渲染 3 个模块组成。材质直接在材质类型中选择，灯光有专门的工具架，如图 7-65 所示。渲染时选择 Arnold 渲染器即可。

图 7-65

Arnold 渲染器可以实现显卡 GPU 实时渲染，设置方法如下。选择"窗口→渲染编辑器→渲染设置"命令，弹出"渲染设置"窗口，设置参数如图 7-66 所示。选择 Arnold → Utilities → PrePopulate GPU Cache 命令，进行 GPU 缓存读入，这一步操作时间较长，系统显示为 11 分钟，如图 7-67 所示，读入 GPU 缓存后即可实现实时渲染。

图 7-66

图 7-67

在 Arnold 工具架中单击 ◻ 按钮，打开 Arnold RenderView 窗口，单击 ◼ 按钮进入实时渲染状态，在场景中进行的材质灯光操作会实时更新在 Arnold RenderView 窗口中，如图 7-68 所示。

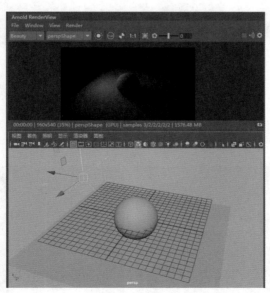

图 7-68

如果硬件设备不允许使用 GPU 实时渲染，可以使用 Maya 默认的渲染窗口进行渲染。

7.6.2 Arnold 材质编辑

与刚才介绍的材质设置一样，Arnold 的新建材质设置方法也是右击被选择的物体，在弹出的快捷菜单中选择相应的 Arnold 材质类型，该材质类型有多种可选，如图 7-69 所示。尽管有很多种类型，但是基本参数都大同小异，下面重点介绍一下这些材质的通用参数，选择有代表性的 aiStandardSurface 材质。在属性编辑器中可以看到，该材质有 10 余个参数列表，如图 7-70 所示。

打开本书提供的场景文件"小马 .mb"，右击小马模型，在弹出的快捷菜单中选择"指定新材质"命令，在弹出的对话框中选择 aiStandardSurface 材质类型。Base 卷展栏中有 4 个参数，Color 用于设置表面颜色（单击 Color 后面的贴图按钮■可指定贴图，删除贴图只需右击 Color，在弹出的快捷菜单中选择"断开连接"即可），如图 7-71 所示。

图 7-69　　　　　　　　　　　图 7-70　　　　　　　　　　　图 7-71

Weight 参数用于控制 Color 的着色权重，0 表示没有颜色，1 表示完全着色。

Diffuse Roughness 参数用于控制材质表面的细节，比如设置一些灰尘 Alpha 遮罩贴图、增加表面的细节等（为了展示出强烈的对比效果，这里设置了棋盘格贴图），如图 7-72 所示。

图 7-72

Metalness 参数用于控制金属光泽，图 7-73 所示是将 Metalness 设置为 0.5 和 1 的效果对比。

图 7-73

Specular 卷展栏用于控制反射和高光。

Color 参数用于设置高光的颜色。

Roughness 参数用于设置模糊反射（经常用到这个参数），如磨砂金属的表面，图 7-74 所示是将 Roughness 设置为 0 和 0.5 的效果对比。

图 7-74

IOR 参数用于控制玻璃的折射率，单击该参数可以打开选择列表，上面罗列了大部分需要的折射率预设，如钻石、水晶、牛奶等，如图 7-75 所示。要渲染玻璃还有一个比较重要的属性需要关闭，选择小马模型，在属性编辑器展开它的 Arnold 卷展栏，取消对 Opaque 复选框的勾选，这样就可以渲染出通透的玻璃阴影了，如图 7-76 所示。

图 7-75

图 7-76

Transmission 卷展栏用于控制透明属性。

Weight 参数用于设置透明度，参数值为 0 ～ 1，1 表示完全透明，如图 7-77 所示。该参数与 Roughness 参数配合使用可以得到磨砂玻璃效果，如图 7-78 所示。

图 7-77　　　　　　　　　　　　图 7-78

Color 参数用于设置玻璃内部的颜色，可以制作彩色玻璃。

图 7-79 所示为启用和禁用 Opaque 复选框对于玻璃物体的渲染影响。

Scatter 用于设置类似蜜蜡等半透明效果。该参数与 Depth 共同影响光线穿过蜡质材质的深度，图 7-80 所示是将 Depth 设置为 0.2 和 10 的效果对比。

图 7-79　　　　　　　　　　　　图 7-80

Subsurface 卷展栏的参数用于设置次表面散射效果，也称 SSS 效果。当 Transmission 卷展栏的 Weight 参数小于 1 时（也就是半透明时），Subsurface 卷展栏的参数才起作用。

Subsurface Color 参数用于设置半透明物体的内部颜色，单击该参数可选择预设值，这里选择了皮肤预设，如图 7-81 所示。Weight 参数用于控制颜色深浅，Radius 参数用于控制半透明度对边缘的影响。Scale 参数用于控制半透明度的扩散影响。Type 参数用于选择半透明效果是穿透光线还是不穿透光线。Anisotropy 参数用于设置光线的偏移，如图 7-82 所示。

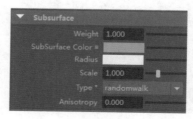

图 7-81　　　　　　　　　　　　图 7-82

7.7　默认灯光设置

　　灯光是制作三维图像时用于表现造型、体积和环境气氛的关键，在制作三维图像时，总希望建立的灯光能和真实世界的相差无几。现实生活中，很多光照效果是人们非常熟悉的，正因如此，所以人们对灯光并不十分敏感，从而也降低了在三维世界中探索和模拟真实世界光照效果的能力。本章将介绍几种 Maya 中的常用灯光，从而帮助用户理解三维世界中模拟真实照明的光源的方法。

　　Maya 内置的灯光有6种，分别是环境光、平行光、点光源、聚光灯、区域光和体积光。从渲染工具架和主菜单中都可以创建，这里介绍几种常用的灯光，如图 7-83 所示。

图 7-83

7.7.1　平行光

　　平行光是 Maya 中比较常用的灯光之一，它没有位置的概念。只有方向的概念。建立灯光后，只需将方向调整好即可，如图 7-84 所示。

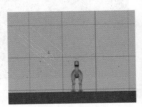

图 7-84

　　平行光的参数也很简单，可以控制颜色、灯光强度和阴影的颜色，如图 7-85 所示。按【T】键可以打开平行光两端的控制点，进行精准调节，如图 7-86 所示。

图 7-85　　　　　　　　　　　　　　　　　图 7-86

7.7.2　点光源

点光源没有方向控制，均匀地向四周发散光线。它的主要作用是作为一个辅光，帮助照亮场景。其优点是比较容易建立和控制，缺点是不能建立太多，否则场景对象将会显得平淡而无层次，如图 7-87 所示。

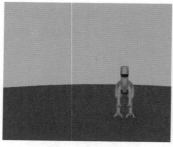

图 7-87

7.7.3　聚光灯

聚光灯相对泛光灯来说多了投射目标的控制。与泛光灯不同，它的方向是可以控制的，而且它的照射形状可以衰减，如图 7-88 所示。

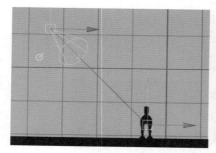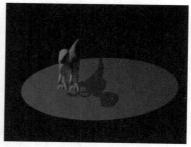

图 7-88

聚光灯的"衰退速率"可以设置 4 种衰减方式，效果如图 7-89 所示。

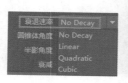

图 7-89

7.7.4 区域光

区域光用于产生真实的面积光源，可以设置不同的长宽比，面积越大阴影越模糊，如图 7-90 所示。

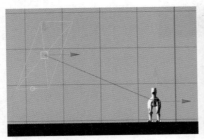

图 7-90

7.8 Arnold 灯光设置

Arnold 灯光有 6 种，由于该渲染器是光迹追踪渲染引擎，所以灯光自带光迹追踪特性，这里介绍几种常用的灯光，从渲染工具架和主菜单上都可以创建，如图 7-91 所示。

图 7-91

7.8.1 Sky Dome Light 半球天光

Sky Dome Light 半球天光主要用于给场景建立环境光，该灯光的 Intensity（强度）值不宜设置得过大，用 HDRI 贴图赋予 Color 上是比较好的环境设置方法，如图 7-92 所示。

Sky Dome Light 半球天光没有方向、尺寸和角度，可以将其想象为一个无限大的宇宙空间，光线从四周漫射，天光漫射的发散方向来自于四面八方。图 7-93 所示为环境天光示意图。

图 7-94 所示为添加半球天光的前后效果对比。

图 7-92

图 7-93

图 7-94

7.8.2 Area Light 面积光

Area Light 用于产生真实的面积光源，可以设置不同的长宽比，面积越大阴影越模糊，如图 7-95 所示，其参数面板如图 7-96 所示。

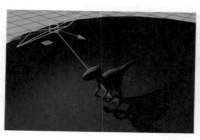

图 7-95

勾选 Use Color Temperature 复选框，可以使用灯光色温参数，默认情况下 6500 为正常光线，低于 6500 则灯光偏暖，反之则偏冷。

面积光可以设置为方形、圆柱形和圆盘形，如图 7-97 所示。

图 7-96

图 7-97

7.8.3　Mesh Light 物体光

Mesh Light 用于产生物体光，前提是先选择一个多边形（如一个圆柱体），单击 Mesh Light 按钮，系统会根据所选择的多边形产生一个形状相同的灯光，这样就可以制作发光灯管了，如图 7-98 所示。

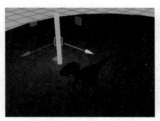

图 7-98

动手练　给场景设置 Arnold 灯光

在摄影棚中，为了让被摄物体能够产生较好的光影效果，一般会通过给场景设置三点布光来体现体积感，下面设置一个具有艺术效果的灯光场景，其操作步骤如下。

扫码看视频

Step 01　先打开本书配套场景"雕塑 .mb"文件。单击 Arnold 工具架中的 按钮，新建一个半球天光，此时的渲染效果如图 7-99 所示。

图 7-99

Step 02　给半球天光的 Color 参数添加贴图，单击 Color 后面的贴图按钮，指定一个 HDRI 贴图，设置 Intensity（强度）为 0.5（主要让贴图产生反射，而不是照明），渲染效果如图 7-100 所示。

图 7-100

125

Step 03 选择桌面，取消对 Primary Visibility 复选框的勾选，如图 7-101 所示。选择半球光，设置 Camera 为 0，将其在渲染窗口中隐藏，如图 7-102 所示。

图 7-101

图 7-102

Step 04 此时的渲染效果如图 7-103 所示。单击 Arnold 工具架中的■按钮，新建一个面积光，旋转灯光方向，如图 7-104 所示。

图 7-103

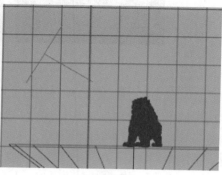

图 7-104

Step 05 设置灯光颜色和强度，让灯光亮度更强，如图 7-105 所示。此时的渲染效果如图 7-106 所示。

图 7-105

图 7-106

Step 06 旋转左眼模型，单击 Arnold 工具架中的■按钮，新建一个物体光；旋转右眼模型，单击 Arnold 工具架中的■按钮，再新建一个物体光，此时的渲染效果如图 7-107 所示。

Step 07 设置灯光颜色和强度，让灯光变成红色。此时的渲染效果如图 7-108 所示。要想获得更好的渲染质量，打开渲染设置窗口，提高 Sampling 卷展栏的采样值即可，如图 7-109 所示。

图 7-107

图 7-108

Step 08 如果想获得带通道的图像，保存为 PNG 格式即可，如图 7-110 所示。

图 7-109

图 7-110

7.9　练习题

本练习综合本章所学的知识制作透视蘑菇效果，如图 7-111 所示。

练习要求与步骤：

（1）赋予不同物体不同材质。

（2）单个调节不同材质的属性。

（3）测试渲染。

图 7-111

第8章
Maya 动画制作

通过本章的学习，读者会对 Maya 动画有一个基本认识。本章将详细介绍设置关键帧动画和路径动画的方法，并以实例形式的动手操练来巩固所学知识。

Ma 8.1 Maya 关键帧动画

动画是创建和编辑物体的属性随时间变化的过程。关键帧是一个标记，它表明物体属性在某个特定时间上的值。一旦创建了要制作动画的物体，设置关键帧可以描述物体的属性在动画过程中的何时发生变化。在效果上，它相当于在特定时间上创建属性的快照。在本章中，将学习 Maya 动画技术的常用方法和功能。

动手练 制作关键帧动画

设置关键帧时，可以在某个特定时间将一个值指定给对象的属性（如平移、旋转、缩放或颜色）。大多数动画系统使用帧作为基本度量单位，因为系统会快速连续地播放每一帧来生成运动效果。用于播放动画的帧速率（帧数每秒）取决于将播放动画的媒介（如电影、电视、视频游戏等），24 帧每秒（fps）的帧速率是用于动画影片的帧速率。对于视频，帧速率可以为 30fps（NTSC）或 25fps（PAL），具体取决于所使用的格式。如果使用不同的值在不同的时间设定多个关键帧，那么随着场景播放每一帧，Maya 会在这些时间之间生成属性值。结果是这些对象和属性会随着时间而移动或更改。

扫码看视频

本节将使用简单的关键帧技术制作球体反弹动画，其操作步骤如下。

Step 01 打开本例场景文件"乒乓球 .mb"，该场景中包含 3 个对象（球体、台面和球网），如图 8-1 所示。

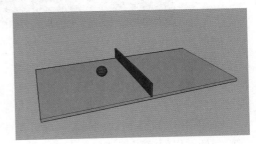

图 8-1

知识点拨

要设置球体的动画，首先要在播放范围的不同时间设置球的位置的关键帧。播放范围是由时间和范围滑块定义的。通过使用时间和范围滑块控件，可以播放动画或在动画中滚动，或者移动到动画的特定时点，从而可以设置关键帧。

Maya 的时间滑块如图 8-2 所示。时间滑块显示已为选定对象设定的播放范围和关键帧。关键帧以红色线显示。使用时间滑块右侧的文本框可以设定动画的当前帧（时间）。

Step 02 单击"动画首选项"按钮，在"播放开始 / 结束"和"动画开始 / 结束"文本框中输入 72。播放范围为 1 ～ 72 时，将能够创建 3 秒的动画（72 帧 /24 帧每秒 = 3 秒），如图 8-3 所示。

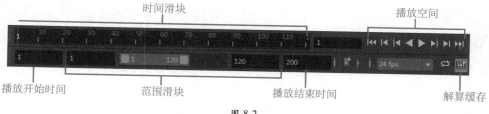

时间滑块

播放空间

播放开始时间

范围滑块

播放结束时间

解算缓存

图 8-2

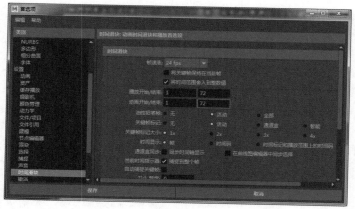

图 8-3

Step03 选择球体，移动时间滑块到第 1 帧，单击"动画"工具架中的"设置关键帧"按钮┿（快捷键为【S】），创建一个关键帧。此时在时间滑块中，第 1 帧处出现了红色标记。

Step04 移动时间滑块到最后一帧（第 72 帧），使用"移动工具"拖动球的黄色 Z 轴控制柄，以便将球移动到台面的右侧边，如图 8-4 所示。

Step05 按【S】键创建一个关键帧。此时在时间滑块第 72 帧处又产生了一个关键帧，按▶按钮播放动画，球体从台面左边移动到了右边。若要使球从球网上方飞过而不是从中间穿过，需要将球定位在栅栏的上方，然后在那里设置一个关键帧。下面设定中间关键帧。

Step06 移动时间滑块到球位于球网的中间位置那一帧（第 38 帧），使用"移动工具"拖动球的 Y 轴控制柄，直到其略高于球网，如图 8-5 所示。

图 8-4

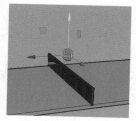

图 8-5

Step 07 按【S】键创建一个关键帧。现在，球将在已设定关键帧的开始、中间和结束位置之间以平滑的圆弧路线飞离台面、越过球网，然后又返回台面。

Step 08 下面设定关键帧使球反弹。转到第 50 帧。此时，球位于地面右半侧中间区域的上方。移动球使其位于台面上。按【S】键创建一个关键帧。

Step 09 转到第 60 帧。再次向上移动球，但是不能高出球网的峰值高度。按【S】键创建一个关键帧。播放动画时，球将越过球网并在另一侧反弹。

动手练 使用"曲线图编辑器"

为了获得更逼真的动画，需要更加明显地使球反弹离开台面并加快球的水平移动。下面将使用"曲线图编辑器"进行这两项修改。"曲线图编辑器"是一个以图形方式表示场景中各种已设置动画的属性的编辑器。已设置动画的属性由被称为"动画曲线"的曲线表示，可以在"曲线图编辑器"中编辑动画曲线，其操作步骤如下。

扫码看视频

Step 01 在选中球的情况下，选择"窗口→动画编辑器→曲线图编辑器"命令，打开"曲线图编辑器"窗口。"曲线图编辑器"窗口中将显示若干条动画曲线，球的每个已设置关键帧的属性对应一条曲线。在左侧的列表框中会列出球的可设置动画的属性，曲线图编辑器将显示球的选定变换节点的属性。按住【Shift】键在左侧的列表框中仅选择"平移 Z"和"平移 Y"属性，如图 8-6 所示，这样可以简化显示。如果有太多曲线，则难以分辨特定曲线。

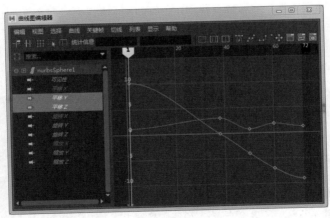

图 8-6

Step 02 播放动画可以看到，在第 50 帧处球第一次反弹离开台面时，球看起来是在浮动和滑动，而不是反弹。在第 50 帧处，在"平移 Y"曲线上选择该点，选择"曲线图编辑器"菜单中的"切线→断开切线"命令，将该点的切线移动成如图 8-7 所示的效果。播放动画，将看到球更加快速地反弹。移动第 50 帧的点到第 55 帧，延迟球的落地时间；向下移动第 72 帧的点到 –1 处，球体将穿过台面。由此可见，"曲线图编辑器"窗口中的关键点可以控制速率、时间和位置，如图 8-8 所示。

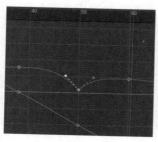

图 8-7

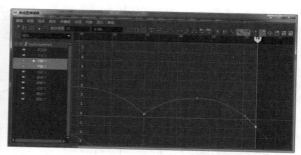

图 8-8

　　如果以前从未使用过曲线图编辑器，可能很难理解曲线形状与曲线所表示的动画之间的关系。具有一定的经验后，便可以快速识别曲线形状如何影响动画。绿色曲线表示"平移 Y"，蓝色曲线表示"平移 Z"。每条曲线的颜色都与其属性名称相匹配。对于 X、Y 和 Z（红、绿、蓝），这种颜色方案在整个 Maya 中都是一致的。

扫码看视频

动手练 **缩放动画的时长**

　　通过观察发现，球在其行程中的移动速度似乎太慢。下面将使用"曲线图编辑器"来加快其移动，让球的动画从 3 秒（72 帧）变成 2 秒（48 帧）内完成其行程，其操作步骤如下。

Step 01 框选所有关键点，选择"缩放"工具，用鼠标中键按住第 1 帧的关键点进行缩放，直到两条曲线最右侧的关键点大致放置在第 48 帧处，如图 8-9 所示。

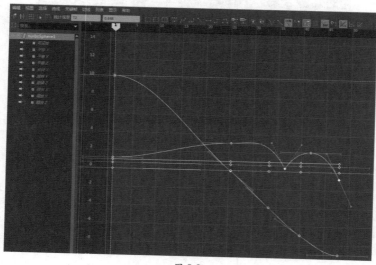

图 8-9

Step 02 从时间滑块中可以看到，红色关键帧标志已经压缩到了第48帧处，播放动画，球的整个动画被压缩到了2秒，如图8-10所示。

图 8-10

Step 03 设置关键点时，通常会创建许多意外的关键点。例如，在球上使用了"设置关键点"操作后，Maya 会在球的所有变换节点属性（如"旋转 Z"属性，而不仅仅是预期的"平移 Z"属性和"平移 Y"属性）上创建关键点。代表这些属性的曲线具有不变的值，这些属性称为"静态通道"。静态通道会降低 Maya 的处理速度，因此在复杂场景中移除静态通道很有益处。选择"编辑→按类型删除→静态通道"命令，此时所有不需要的关键点均被删除，如图8-11所示。

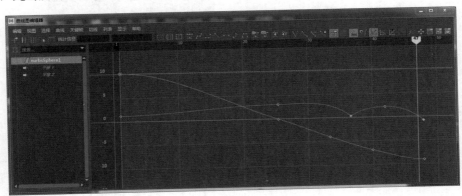

图 8-11

知识点拔

通过在"曲线图编辑器"中检查动画曲线，可以识别静态通道。如果曲线在其整个长度上在水平方向上都是平坦的，那么该曲线所代表的属性的值不变，该属性是一种静态通道。

8.2 Maya 路径动画

可以让物体沿曲线按照指定的路径进行运动，这就是路径动画（对象的运动由其沿路径曲线的位置定义），可以通过编辑曲线轻松地调整对象的路径。在本例中，将学习使用 NURBS 曲线作为路径设置对象沿运动路径的动画，修改对象沿运动路径的计时和旋转，以及如何混合关键帧和运动路径动画。

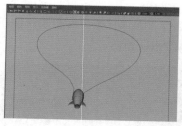

动手练 制作路径动画

本例中的路径动画发生在第 60 帧和第 240 帧之间（共 180 帧）。在第 1 帧和第 60 帧之间，为飞机的运动设定关键帧，使其从地平面升起，然后混合这两种动画类型。

Step01 打开本例场景文件"火箭.mb"，该场景中包含一组火箭（成组的火箭，包含火箭主体和尾翼）和一条曲线路径，如图 8-12 所示。设置动画范围，单击"动画首选项"按钮，在"播放开始/结束"和"动画开始/结束"文本框中输入 240，如图 8-13 所示。

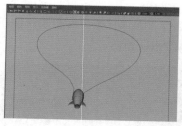

图 8-12

图 8-13

知识点拨

若要沿路径曲线设置飞机的动画，首先选择飞机和路径曲线，然后为运动路径动画设定相应的选项。在选项窗口中，需要为路径动画设定所需的时间范围，还需要确保将飞机的方向确定为面向移动的方向。"跟随""前方向轴"和"上方向轴"选项用于确定飞机沿路径的方向。

Step02 选择"窗口→工作区→动画"命令，将界面更改为动画制作方式（否则会找不到后面要进行的菜单操作）。在时间滑块的第 1 帧，选择火箭（本例中的选择火箭是指选择火箭组，而不是组里面的某个部分），然后按住【Shift】键并选择路径曲线。选择"约束→运动路径→连接到运动路径"后面的方块图标，弹出"连接到运动路径选项"窗口，设置参数如图 8-14 所示（Y 轴为火箭头部朝向，X 轴为尾翼平行方向），单击"附加"按钮。此时火箭重定为曲线的起点，并将火箭头部方向确定为朝着移动的方向，如图 8-15 所示。

图 8-14

图 8-15

Step 03 播放动画，火箭将沿路径移动（火箭将从第 60 帧处开始运动），如图 8-16 所示。

（动手练）**沿路径更改动画**

默认情况下，火箭沿路径以恒定速度移动。下面修改动画，让火箭最初沿路径缓慢移动，然后加速，最后在接近运动路径的末端时更缓慢地移动。

扫码看视频

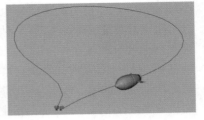

图 8-16

Step 01 选择火箭，在时间滑块区域用鼠标中键拖动滑块到第 130 帧，打开通道盒，将 motionPath1 的 "U 值" 从 0.259 更改为 0.1（该值范围为 0～1，0.1 表示整个路径的 10%）。右击该参数，在弹出的快捷菜单中选择 "为选定项设置关键帧" 命令。这样，就将动画速度降低了，如图 8-17 所示。

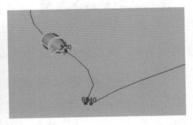

图 8-17

Step 02 使用鼠标中键将当前时间指示器拖动到第 180 帧，在通道盒中，将 motionPath1 的 "U 值" 设置为 0.9。火箭将定位在与曲线起点距离 90% 的位置（即火箭已沿路径完成 90% 距离）。右击该参数，在弹出的快捷菜单中选择 "为选定项设置关键帧" 命令，如图 8-18 所示。

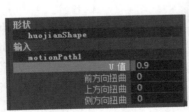
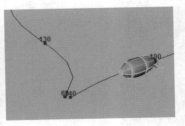

图 8-18

（动手练）**沿运动路径旋转对象**

火箭沿运动路径移动时，其方向在整个动画过程中保持不变。沿弧线飞行时，真实火箭会侧滚向一侧（倾斜）。火箭沿路径移动时，若要使飞机侧滚向一侧，可以在通道盒中对 "扭曲" 属性设置关键帧。

扫码看视频

Step 01 确保火箭处于选定状态。移动时间滑块到第 130 帧，确保

motionPath1 的"前方向扭曲"值为 0。右击该参数，在弹出的快捷菜单中选择"为选定项设置关键帧"命令。移动时间滑块到第 150 帧，设置"前方向扭曲"值为 30（火箭飞到侧弯时旋转 30°），右击该参数，在弹出的快捷菜单中选择"为选定项设置关键帧"命令。移动时间滑块到第 167 帧，右击该参数，在弹出的快捷菜单中选择"为选定项设置关键帧"命令。移动时间滑块到第 190 帧，设置"前方向扭曲"值为 0，右击该参数，在弹出的快捷菜单中选择"为选定项设置关键帧"命令，如图 8-19 所示。

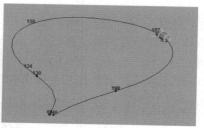

图 8-19

Step 02 播放动画，火箭沿运动路径移动时会侧滚向一侧（倾斜）。

扫码看视频

动手练 混合关键帧和运动路径动画

　　在 Maya 中，可以混合运动路径和关键帧动画类型。混合两种动画类型可利用每种动画类型所提供的特性，而无须花费大量精力确定在何处必须发生两种类型之间的切换。在下面的操作步骤中，将通过混合两种动画类型对火箭设定关键帧，以实现从地面垂直上升，然后再沿运动路径移动的动画效果。

Step 01 选择火箭，在动画第 1 帧处，设置通道盒的"平移 Z"为 –50，"旋转 X"为 90，如图 8-20 所示。框选平移 X、Y 和 Z 通道及旋转 X、Y 和 Z 通道，右击该参数，在弹出的快捷菜单中选择"为选定项设置关键帧"命令（为第 0 帧设置动画关键帧）。此时火箭头朝上站在地面上，如图 8-21 所示。

图 8-20

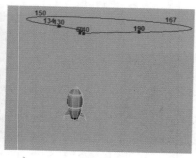

图 8-21

知识点拨

　　对已具有运动路径动画的火箭设定关键帧时，软件会自动创建混合两种动画类型的连接。这些新通道用于控制关键帧和运动路径动画类型之间的混合，它们用于控制"平移"和"旋转"属性的混合。

Step 02 选择火箭，在第 20 帧处设置"平移 Z"为 0（使火箭飞回原来的高度），"旋转 X"仍然保持为 90。右击，在弹出的快捷菜单中选择"为选定项设置关键帧"命令（为第 20 帧设置动画关键帧）。此时火箭在第 1 ～ 20 帧腾空而起。

Step 03 在第 40 帧处，设置"旋转 X"仍然保持为 180（火箭躺平）。右击，在弹出的快捷菜单中选择"为选定项设置关键帧"命令。Blend Add Double Linear（混合添加双线性）和 Blend Motion Path（混合运动路径）用于控制路径动画和其他动画的混合。当值为 0 时，路径动画关闭；当值为 1 时，路径动画开启。

Step 04 在第 40 帧处，右击 Blend Add Double Linear1 和 Blend Motion Path1（此时它们的值为 0），在弹出的快捷菜单中选择"为选定项设置关键帧"命令。在第 70 帧处，设置 Blend Add Double Linear1 和 Blend Motion Path1 为 1，右击，在弹出的快捷菜单中选择"为选定项设置关键帧"命令。这样，就在第 40 ～ 70 帧之间为手动关键帧（火箭升起和旋转）和火箭的路径动画之间建立了混合过渡。播放动画，火箭升起并旋转，然后沿运动路径运动一周，如图 8-22 所示。

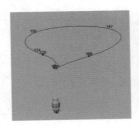

图 8-22

知识点拨

目前两种动画类型已混合成功，但运动还有些不自然。火箭开始沿运动路径移动时，会短暂向上翻转，将混合动画的"旋转插值"设置为"四元数"，可以更改混合期间旋转的插值方式。

Step 05 选择火箭，在通道盒中单击 pairBlend1 通道，然后单击"Euler 角度"名称，将"旋转插值"设置为"四元数"，如图 8-23 所示。用相同的方法将 pairBlend2 通道也设置为"四元数"。重新播放动画，动画的衔接效果将变得更加完美。

Step 06 Maya 系统默认的播放速度特别快，右击播放按钮，在弹出的快捷菜单中选择"播放速度→实时"命令，动画将以正常速度播放，如图 8-24 所示。

图 8-23   图 8-24

137

Ma↕ 8.3 练习题

一、弹跳动画

本练习制作弹跳动画。

练习要求与步骤：

（1）观察小球的运动特点。

（2）创建小球，设置位移关键帧动画。

（3）在运动中设置缩放关键帧动画。

（4）预览动画，保存动画。

二、电梯动画

本练习帮助读者掌握驱动动画，如图 8-25 所示。

图 8-25

练习要求与步骤：

（1）创建电梯模型。

（2）为电梯按钮设置驱动。

（3）为电梯门设置被驱动。

（4）预览动画，保存动画。

第9章
Maya 动力学特效

　　动力学是物理学的一个分支，描述了对象如何运用物理规则进行移动，以模拟作用于它们的自然力。使用传统的关键帧动画技术难以实现动力学模拟，Maya 提供了一种执行此类计算机动画的方法，即设置要发生的条件，然后让软件解算如何对场景中的对象设置动画（如刚体、柔体和粒子等）。

9.1 Maya 动力学动画

Maya 的动力学使用粒子特效可以创建烟、焰火、雨、火和爆炸效果。使用刚体动力学可以模拟对象之间的真实世界物理交互，如物体之间的碰撞、重力效果或模拟风力。

动手练 刚体动力学模拟

扫码看视频

Maya 的刚体动力学分为主动刚体和被动刚体。被动刚体相当于一个静态的物体，当主动刚体碰撞到被动刚体时，会产生反弹，比如若干乒乓球掉到地面上，会发生反弹，此时乒乓球就是主动刚体，地面就是被动刚体。

下面制作一个简单的场景，感受 Maya 的刚体动力学动画。

Step01 选择"创建→ NURBS 基本体→平面"命令，创建一个地平面物体，放大地平面。

Step02 选择"创建→多边形基本体→立方体"命令，创建一个立方体，将立方体缩放成一个薄片。按【Insert】键打开轴心操作，向下移动轴心，将立方体的轴心放置到物体的底部，如图 9-1 所示。

Step03 选择"编辑→特殊复制"命令，在弹出的窗口中设置参数，如图 9-2 所示，单击"应用"按钮确认。

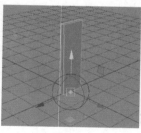

图 9-1

图 9-2

Step04 此时已经制作了一排立方体，再创建一个 NURBS 球体，并将其放置于第一个立方体的上方，如图 9-3 所示。

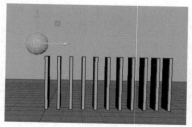

图 9-3

Step05 按【F5】键进入动力学模块，框选除了地面的所有物体，选择"场／解算器→创建主动刚体"命令，将球体和立方体创建为主动刚体。选择地面物体，选择"场／解算器→创建被动刚体"命令，将地面创建为被动刚体。

Step06 框选所有球体和立方体，选择"场／解算器→重力"命令，给它们添加重力。播放动画，可以看到由于重力的原因,球体砸到立方体上,形成了一连串的多米诺骨牌效应,如图9-4所示。

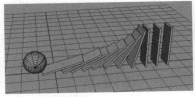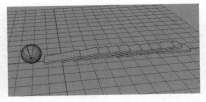

图 9-4

这样,就完成了第一个动力学动画的制作。

【动手练】 **布料模拟**

Maya 的布料非常容易控制,可以使用重力让布料自然下垂,也可以对布料进行点约束,下面制作一个简单的布料模拟。

扫码看视频

Step01 创建一个多边形平面,设置宽度细分和高度细分均为 50,这样就创建了一个细分面足够多的平面物体,如图 9-5 所示。

Step02 按【F5】键进入动力学模块,确定平面物体被选择,选择"nCloth → 创建nCloth"命令,将被选择物体定义为布料(此时如果播放动画,物体将向下坠)。在布料下方创建简单的地面和桌面,如图 9-6 所示。

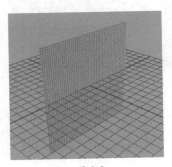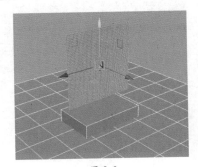

图 9-5   图 9-6

Step03 在地面和桌面被选中的状态下,选择"nCloth → 创建被动碰撞对象"命令,如图 9-7 所示。播放动画,可以看到布料垂到了桌面上,桌面和地面由于被创建为被动碰撞对象,对布料形成了阻力,如图 9-8 所示。

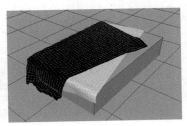

图 9-7   图 9-8

Step04 下面对布料的某个顶点进行约束。进入面片的顶点选择模式，选择左右中间各两个顶点，选择"nConstraint → 变换约束"命令，给选中点添加约束，如图 9-9

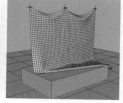

所示。重新播放动画，可以看到布料垂到桌面上，设置约束的顶点原位不动，如图 9-10 所示。

Step05 还可以实时地移动这些约束点，对布料的造型进行实时调整。单击界面右下角的 按钮，先将动画范围调整为 2000 帧，如图 9-11 所示。

图 9-9　　　　　　　图 9-10

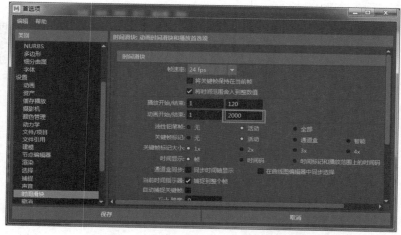

图 9-11

Step06 打开 FX 工具架，单击"启动交互式播放"按钮 ，在动画播放状态下可以实时调整节点的位置，使布料成为自己想要的效果，如图 9-12 所示。达到理想的效果后关闭动画即可。

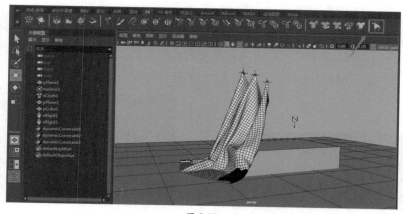

图 9-12

动手练 重力和空气动力学模拟

扫码看视频

本例将通过 Maya 内置的动力学系统模拟火箭升空的效果，在这里要使用关键帧动画技术控制动力学参数，以达到所需的创意要求。

Step 01 打开本书配套场景文件"粒子发射 .mb"。

Step 02 按【F5】键进入动力学模块，选择火箭物体组（该组内含 4 个火箭尾翼，要一起旋转），选择"场 / 解算器→创建主动刚体"命令，创建主动刚体。

Step 03 确认选择火箭物体组，选择"场 / 解算器→重力"命令，添加重力。

Step 04 选择地面，选择"场 / 解算器→创建被动刚体"命令，创建被动刚体。

Step 05 选择火箭物体，按【Ctrl+A】组合键，打开其属性编辑器，在"刚体属性"卷展栏中设置"质量"为 200，"冲量 Y"为 100，如图 9-13 所示。

Step 06 将时间设置为 500 帧，预览动画，可以看到火箭慢慢地升空了。

Step 07 将时间滑块设置到第 50 帧，在通道栏中设置"冲量 Y"为 0，右击该参数，在弹出的快捷菜单中选择"为选定项设置关键帧"命令，设置关键帧，如图 9-14 所示。

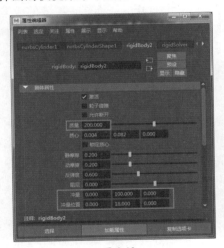

图 9-13

图 9-14

Step 08 将时间滑块设置到第 100 帧，在通道栏中设置"冲量 Y"为 100，右击该参数，在弹出的快捷菜单中选择"为选定项设置关键帧"命令，设置关键帧。

Step 09 将时间滑块设置到第 200 帧，在通道栏中设置"冲量 Y"为 100，右击该参数，在弹出的快捷菜单中选择"为选定项设置关键帧"命令，设置关键帧。

Step 10 将时间滑块设置到第 201 帧，在通道栏中设置"冲量 Y"为 0，右击该参数，在弹出的快捷菜单中选择"为选定项设置关键帧"命令，设置关键帧。

Step 11 再次预览动画，可以看到火箭升到半空时，失去动力，最后坠落下来。目前的动画中场景比较单调，下面为场景再增加一些细节，如空气湍流。

Step 12 选择火箭物体，选择"场 / 解算器→空气"命令，添加空气湍流。

Step 13 在通道栏中设置"幅值"为 3000，如图 9-15 所示。可以比较一下添加"幅值"前后动画的变化，火箭被风吹斜了，如图 9-16 所示。

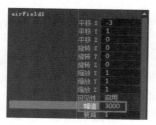
图 9-15

图 9-16

9.2　Maya 粒子和流体动画

　　Maya 的粒子系统和流体系统可以模拟很多高端影视作品，而影视特效的成本主要来自于对液体的模拟，如电影《加勒比海盗》中的流体特效等。对于模拟液体而言，Maya 的流体在 2020 版本中已经稍显落后，目前制作液体主要使用 Houdini 软件，但是用 Maya 的流体制作烟火特效还是很强大的。

动手练　粒子系统模拟

扫码看视频

　　Maya 的粒子系统非常强大，可以模拟很多特效，如雨雪、火焰、爆炸、喷射等。粒子系统是一种动态模拟的点对象，点对象是由点构成的几何体，可以将各种动力学及材质贴图作用在点对象上，产生各种特效。火箭是靠燃烧燃料产生动力的，下面学习用 Maya 的粒子系统来模拟燃烧所产生的烟雾。继续 9.1 节的实例开始操作。

Step01 按【F5】键进入 Dynamics 模块，选择"nParticle → 创建发射器"命令，创建粒子发射器，设置粒子的参数如图 9-17 所示。移动刚创建的粒子发射器的位置到排气管内部，如图 9-18 所示。

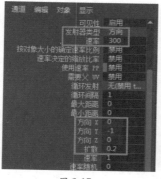
图 9-17

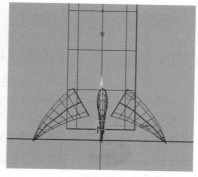
图 9-18

Step02 在大纲视图窗口，用鼠标中键将粒子发射器移动到火箭组中（作为火箭的子物体），如图 9-19 所示。播放动画，可以看到火箭带动了粒子一起升空，如图 9-20 所示。

图 9-19

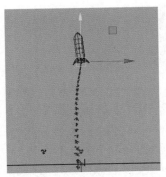

图 9-20

知识点拨

还可以使用比较快捷的方法，先选择粒子发射器，按住【Shift】键再选择火箭，按【P】键将粒子发射器设置为火箭的子物体。

要根据先前所设定的动画对粒子发射器进行设定。大家回忆一下，火箭从第 50 帧时开始产生动力；从第 50 ～ 100 帧，动力逐渐达到峰值；从第 100 ～ 200 帧，动力峰值稳定不变；在第 201 帧时，火箭失去动力。要根据这个情况对粒子发射器进行关键帧设定。

Step03 选择粒子发射器，在第 0 帧给"速率"参数设置关键帧，将时间滑块设置到第 50 帧，在通道栏中设置"速率"为 0，给该参数设置关键帧。

Step04 将时间滑块设置到第 100 帧，在通道栏中设置"速率"为 300，给该参数设置关键帧。

Step05 将时间滑块设置到第 200 帧，在通道栏中设置"速率"为 300，给该参数设置关键帧。

Step06 将时间滑块设置到第 201 帧，在通道栏中设置"速率"为 0，给该参数设置关键帧。

Step07 观看动画预览，可以发现火箭有了燃烧产生动力的效果。此时还有一个问题，即粒子发射器发射出的粒子穿透了地面，不符合现实情况，如图 9-21 所示。下面将修正这一错误。

Step08 播放动画，直到出现粒子。选择粒子，按住【Shift】键再选择地面，选择"nParticle →使碰撞"命令后面的方块图标，在弹出的窗口中设置参数，如图 9-22 所示。

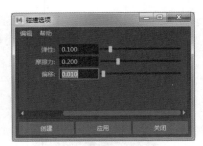

图 9-21　　　　　　　　　　　　　图 9-22

Step09 选择粒子发射器，按【Ctrl+A】组合键，打开其属性编辑器，设置粒子渲染类型为 Cloud（s/w），如图 9-23 所示。要改变粒子渲染类型，使制作的烟雾效果能够以软件方式被渲染出来，如图 9-24 所示。

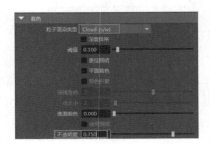

图 9-23　　　　　　　　　　　　　图 9-24

知识点拨

> Maya 中的粒子根据渲染方式不同被分为了 10 种类型，只有 Bobby Surface（s/w）类型、Cloud（s/w）类型、Tube（s/w）类型这 3 种粒子类型可以通过软件方式渲染，其余的粒子类型必须要通过硬件方式渲染。

Step10 打开 Hypershade 窗口。选择"创建→体积材质→粒子云"命令，建立一个 particleCloud 材质，如图 9-25 所示。设置参数如图 9-26 所示，将材质赋予粒子。

图 9-25　　　　　　　　　　　　　图 9-26

动手练 **流体模拟**

Maya 的流体系统主要用来模拟火焰、烟雾、气体、海洋、池塘等特效，如图 9-27 所示，本例将模拟制作一个真实的火焰烟雾效果。

扫码看视频

Maya 的流体系统主要用来模拟火焰、烟雾、气体、海洋、池塘等特效。对于液体来讲，Maya 的流体在 2020 版本中已经稍显落后，目前制作液体主要使用 Houdini 软件，但是用 Maya 的流体制作烟火特效还是很强大的。

图 9-27

Step01 打开本例场景文件"火炬 .mb"，如图 9-28 所示。选择"流体→ 3D 容器"后面的方块图标，设置参数如图 9-29 所示，创建一个发射装置。

图 9-28

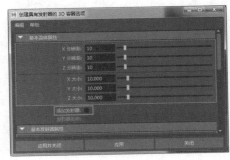

图 9-29

Step02 按【Ctrl+A】组合键，打开属性编辑器，设置流体盒的容器特性和内容方法参数，如图 9-30 所示。

图 9-30

Step03 设置流体盒的动力学模拟和自动调整大小，如图 9-31 所示，当火焰上升时边界盒可以自动适应尺寸，如图 9-32 所示。

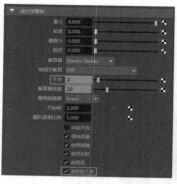

图 9-31

图 9-32

Step04 选择火把头部的所有环形体和 3D 容器，选择"流体→添加编辑内容→从对象发射"命令，如图 9-33 所示。播放动画，可以看到火把已经产生烟雾，如图 9-34 所示。

图 9-33

图 9-34

Step05 设置内容详细信息，包括密度和温度选项，如图 9-35 所示。重新播放动画，可以看到烟雾已经接近火把的效果了，如图 9-36 所示。

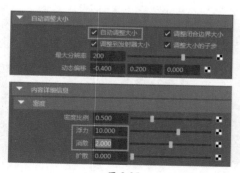

图 9-35

图 9-36

Step 06 继续设置内容详细信息，包括温度（火苗的比例）及其他参数，如图 9-37 所示。

Step 07 选择发射源（火把头部的子物体），设置参数如图 9-38 所示，主要用于控制火焰的密度等参数。

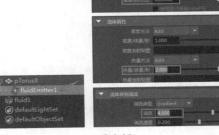

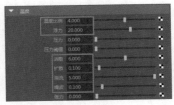

图 9-37

图 9-38

Step 08 播放动画并渲染效果，如图 9-39 所示。流体的参数过多，初学者要想制作出惟妙惟肖的烟火效果并不容易，这里介绍一种使用预设的方法。预设是 Maya 自带的一些已经设置好的效果，只要导入这些效果并对参数稍加修改即可。

Step 09 选择"流体→获取示例→流体"命令，如图 9-40 所示。打开"内容浏览器"窗口，其中有分类预设，如图 9-41 所示。

图 9-39

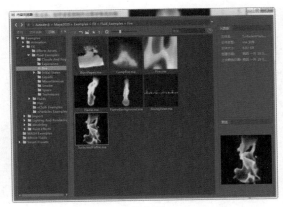

图 9-40

图 9-41

Step 10 选中需要的预设后双击（或者用鼠标中键将其拖动到 Maya 视窗中）即可使用，在视图中选择 3D 容器和模型，选择"流体→添加编辑内容→从对象发射"命令，物体就可以发射了。

9.3 练习题

本练习将综合上面所学的知识制作导弹发射效果，如图 9-42 所示。

图 9-42

练习要求与步骤：

（1）制作场景模型。

（2）添加动力学。

（3）创建场景材质。

（4）制作摄像机动画。

（5）渲染动画。